曾志朗作品集

遠流出版公司

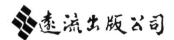

曾志朗作品集 3

科學向腦看

我們正在用還在演化中的腦
去理解那演化而來的腦

作者——曾志朗
執行編輯——許碧純・廖怡茜・林淑慎
發行人——王榮文
出版發行——遠流出版事業股份有限公司
100 臺北市南昌路二段 81 號 6 樓
郵撥／0189456-1
電話／2392-6899　　傳真／2392-6658

法律顧問——董安丹律師
著作權顧問——蕭雄淋律師

□ 2007 年 2 月 1 日　初版一刷
□ 2010 年 7 月 1 日　初版三刷
行政院新聞局局版臺業字第 1295 號

售價新台幣 250 元（缺頁或破損的書，請寄回更換）

ISBN 978-957-32-5975-6

YLib 遠流博識網 http://www.ylib.com
E-mail: ylib@ylib.com

曾志朗作品集 3

Brain/Mind, Our Own Business!

科學向腦看

我們正在用還在演化中的腦
去理解那演化而來的腦

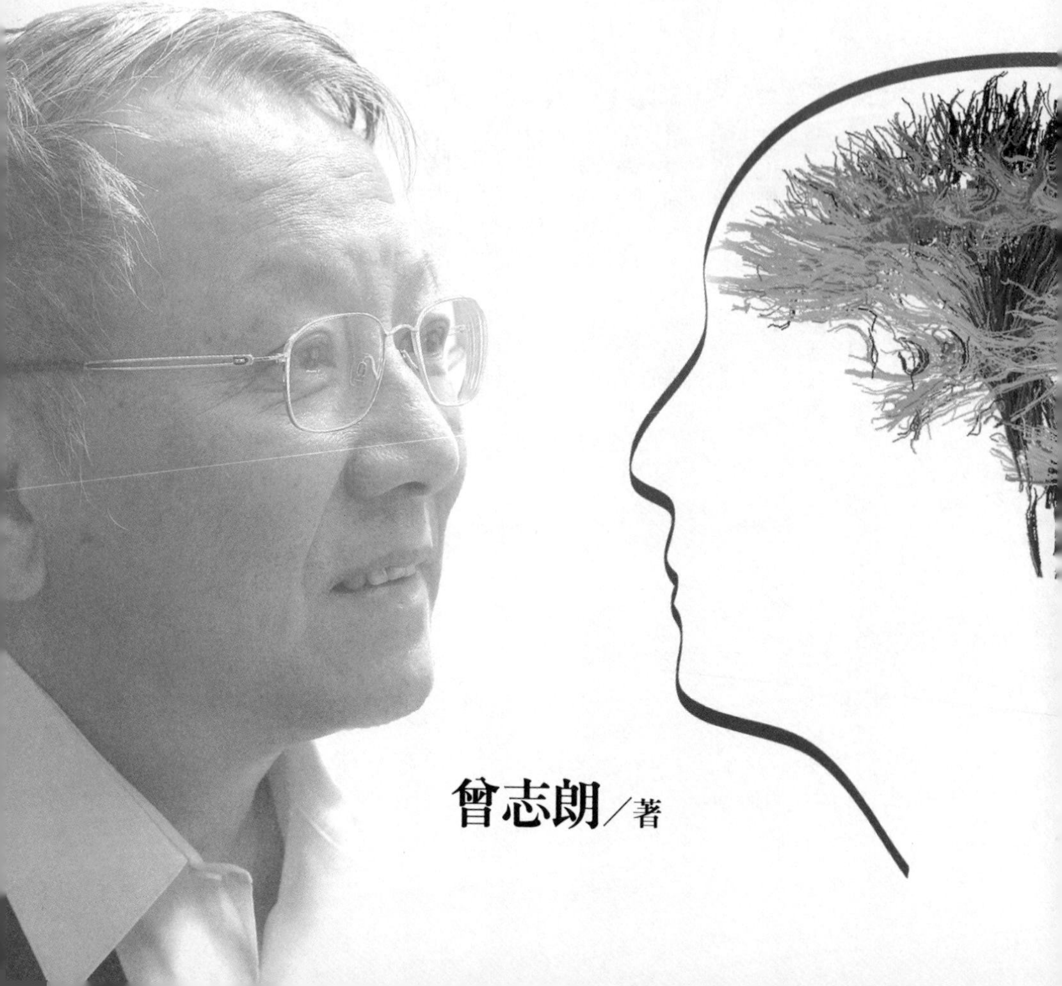

曾志朗／著

《科學向腦看》

目錄

第2篇 實驗見眞章

第3篇 研究問到底

第4篇 閱讀看門道

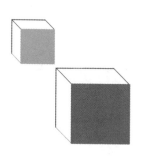

【推薦序】

做為科學人的堅持

王力行

二○○六年八月二十一日，《聯合報》《中國時報》兩大報的頭條都是〈曾志朗公開倒扁〉〈中研院副院長曾志朗：捐百元，精神支持倒扁〉。

這則新聞的震撼力，一方面是因為曾志朗身居全國最高學術機構的第二高位；另一方面曾副院長是一位隨和有人緣，又對社會充滿熱情的科學人。

他在訪問中說：「社會上要的是誠實及純樸表率，」否則如何教孩子？

他又說，容忍不同意見、保護異議者是民主的真諦；每個人都有表達不同意見的權利，社會攻擊不同意見的行為太過分，台灣就會走回頭路。

讀過他的著作，聽過他的演講，熟識他的人應該不會訝異，這就是曾志朗知識分子的誠正性格，以及科學人所堅持的多元價值。

這位致力於「認知神經科學」研究的中研院院士，終究是位教育家。他對在台灣普及科學知識，始終懷抱理想，堅信「科學知識一定要系統化，才能驗證，才能發展機制，提升理論水平」。

因此，每個月在《科學人》雜誌上，總能讀到他以豐美的文采、國際的閱歷和深厚的專業知識，寫出一篇篇引人入勝的文章。

他更是位科學家，在他身上可以見到科學家的特徵：強烈的求知慾和對知識分享的熱情。

當別人對「心理學也要做實驗」提出問號時，他最想做的一件事是寫一本科普心理學，把百年心理學如何「從沙發上的冥思走進實驗室」的過程，做個深入淺出的說明。讓大家瞭解「科學的心理學」是需要實驗研究和數據證明的。

這本《科學向腦看》是曾志朗院士把三年來在《科學人》雜誌上膾炙人口的專欄文字集結成冊。寫書和教書的曾志朗，在文字中充分顯露他做為科學人的求真，和教育家的求善與求美的特質。

讀他的文章是一種享受，他擅於輕鬆愉快地導引讀者進入知識的殿堂。

在書中，他總會先帶出引人嚮往的場景，如柏林郊外的花園旅社、地中海沿的亞歷山大港、紐約中央公園的雪花；或者出現有趣的人物，如大科學家、當年當兵的排副、患失讀症的影視名人，甚至會對唱的公鳥和母鳥。

故事說到關鍵處，他會把重點轉進「認知」知識的領域——記憶、文化認知、思維、原創力、老化……，展開冷靜理性的探討並提出他的讚嘆、懷疑或建議。

這樣一位科學知識教育者，從人類基因的發展、腦的發展，來分析人的語言、文字、思考、智慧，最終目的無非在推動人類文明、社會進步、人格品質提升。

也因此對抗拒社會的不公、不義、不法特別堅持。正如他在另一本著作《見人見智》中寫道：「我們因為常常聽到大家說南部的紅綠燈是參考用的，而笑成一團，其實是在容忍不法；當我們聽到『數位落差』而不以為意時，其實是在容忍不公；當我們把慰安婦悲哀歸因於戰爭的必要之惡時，是在容忍不義。」

讀了這本《科學向腦看》，不僅瞭解科學通識對人們知識的重要，更能理解科學人的堅持對人品的重要了。

【推薦者簡介】王力行，政大新聞系畢業，曾任職於《綜合月刊》、《婦女雜誌》、《時報雜誌》。《天下》雜誌創辦時擔任副總編輯，後任《遠見》雜誌發行人兼總編輯、天下遠見出版公司發行人，現為天下遠見文化事業群發行人兼事業群總編輯。著有《請問，總統先生》、《無愧——郝柏村的政治之旅》、《寧靜中的風雨——蔣孝勇的真實聲音》、《鬧中取靜》、《字裡行間》（均由天下文化出版）等書。

【自序】

永遠的科學人

雲出草山入南港
用心動腦盡傾囊
清風巧撥世間霧
解迷且待科學人

離開美國的教職回到台灣，一轉眼就過了十七個年頭了。

這中間我除了教書、研究之外，也一直在學術行政的崗位上努力。剛回台灣的那幾年，在嘉義民雄的甘蔗園裡，看著中正大學宏偉的黌宇校舍，由土地上一尺、一尺的「長高」，然後教授、學生們都來了，實驗室的設備一件又一件補齊，圖書館的書和資訊的平台也逐漸充實，幾年之間，台灣南部有了一間教研實力相當雄厚的全新大學。在那些日子裡，我也為聯合報繽紛版寫「科學向前看」的科普小品，後來集結成冊，書名是《用心動腦話科學》！

為了開拓認知與神經科學的研究領域，我加入了台灣第一部功能性磁共振造影（fMRI）設備之建構，開始以榮陽團隊的名義發表腦與認知的研究論文，以新的腦顯影技術展示閱讀中文的腦神經活動；我們也希望能由基因到神經系統到行為表現到認知歷程的整體運作中，去理解人腦演化的規律。這段日子，我一方面繼續寫科普小品，一方面也對教育改革的方向提出一些建言，誰知道會因為後者而忽然被延攬入閣，成為政權變革後的第一任教育部長。

負責全國教育行政工作，就在九二一地震垮了近百間災區學校之後不久。我和同仁們全力投入校園重建的工作，提倡新校園運動，規劃智慧型校園的建築計畫，爭取最有利標的推動，直至這些帶有地方文化特色的新校舍一處一處完成。新校園運動倡導的學校永續發展的概念，和我任內所提出的「推動閱讀」、「生命教育」、「資訊教育平台」、「創造力教育」等四個教育政策主軸，目的都是在為台灣的學生建立科技文化的環境，尤其是希望學生在新知識的吸收、理解、轉輸與創作上，能養成自發主動的態度。因此，在高等教育上，我也啟動了大學分類的實質方案，並撥專款推動卓越教學，以提昇通識教育的品質。這些日子，人在行政單位，但念茲在茲的還是科學研究，心中也仍然記掛著科普教育，自己卻因為事務繁忙沒有多餘的時間寫稿了。可是，一有機會，我會為好的科普書寫推薦文，也會在各種場合做科普相關的演說，然後，一直到二〇〇二年二月《科學人》雜誌在台灣完成出版事宜，我才能全力去寫我想要提出的一些觀點。

引進一百五十年歷史的 *Scientific American* 雜誌，是遠流王榮文和我長久以來的心願，因為種種原因，我們能在二〇〇二年為台灣的科普工作圓夢。而就在這個時候，我離開政府的職位，回到學術研究單位，當了中研院新增的副院長。科學教育是我的工作重點之一，因此就順其自然的成為台灣《科學人》雜誌的名譽社長，所負的任務是為每一期的《科學人》寫一篇「科學人觀點」。幾年下來，這個專欄也疊積了相當多的文章，和其他科普小品文章在二〇〇四年集結成冊，書名是《人人都是科學人》，其中最重要的喊話是「賽先生」與「德先生」是同卵雙生子，兩者成長健全，才是現代科技社會文化（STS）的基石。

轉眼，《科學人》已脫離嬰兒期了，我也在二〇〇六年年底接任了一個沒有校園、沒有預算、沒有人事，當然也沒有薪水的台灣聯合大學系統校長。但當我和清華、交通、陽明、中央四個台灣頂尖研究型大學的校長們聚在借用的會議室裡，大家的心裡都非常充實。這是個 meta 的組合，用的是抽象的智慧，去增強四校各自的特色，以完成四校無遠弗屆的共同成長。空並不是空，同心合意，則無中生有，本是創意人的本事。因為這十多年，我所做的每一件事，所推動的每一項工作，想傳達的是，台灣不但要有大學，更要有大學文化；不但要有科學家，更要有科學文化！

編輯告訴我，又到了集結出書的時候。這一本書裡的文章，有四分之三來自「科學人觀點」，另外的四分之一，表面上看是一些應景、應情之作，其實它們都是我心目中和推動科學文化相關的作品。

為了定書名，我也想了很久，後來決定用《科學向腦看》，是一方面反映我自己這十幾年來為台灣所搭建的認知與神經科學的研究平台，另一方面也是近兩三年「科學人觀點」裡的一個綜合觀測。科學家由四方八面而來，帶著他們各自的專業，把研究的眼光專注到那個讓自己能夠建構出這精深專業知識的「腦袋」！

是的，科學家正在用尚在演化成多元思維的腦，去了解腦的演化歷程！科學確實是要向腦看了，下一個研究主題當然就是「人的心靈及其複雜性」（Human Mind and Complexity）！

第1篇

證據說故事

1 女生哪有比男生聰明！

男中有女、女中有男，
兩性的認知組成是既相似、又不同。

大部分在大專院校教書的教授都注意到近年來一個普遍的現象——班上的女同學越來越多了，尤其一些原來是男生天下的理工系所，女生的比例也逐年增加。這個趨勢在社會風氣越開放的國家，越是明顯。在美國，從一九八二年起，女生獲得大學學位的人數就漸漸超過男生，統計二五～三四歲的美國人，完成大學學位的女生佔了三三％，男生只有二九％不到，相差近五個百分點，而且差距每年都在擴大中。尤有甚者，幾乎在每一學校所開的課程裡，獨占鰲頭的總是女生。

那為什麼老說女生「無才便是德」呢！為什麼一定要「在家從父」（從母不行嗎？），要「出嫁從夫」（從己不行嗎？），還要「夫死從子」（從女不行嗎？）呢？太多的禁忌使得女性從小不敢出人頭地，在某些職場的女性主管，更要永遠保持低調，因為稍露鋒芒，即被貼上「富有攻擊性」的標籤。「謙讓是一項美德」其實是社會對女性的普遍期待，感嘆「弱者，妳的名字是女人」則是帶著假同情的歧視，女強人的稱號更載著太沉重的侮辱訊息。幾千年來，人們從來不讓女性的智慧潛力有公平發揮的機會。

有長遠文明的希臘女性，只能以調侃似的口吻展示她的馭夫之術、持家之道：「讓男人自以為是頭，可以左右並且決定我們女人何時應該做什麼、不可以做什麼，其實我們女人才是脖子呢，轉到哪裡，頭就必須朝向那裡。主控權在我呀！」這種看似充滿「睿智」，其實只是阿Q式的自我解嘲，更反映出女性只能有隱藏式的智慧，但不可以特意去展現外顯的能力。因此，長久以來，人類社會的女性智慧一直受到壓抑，根本毫無用武之地！

科學家若仔細檢視這些現象，則不得不面對一個可能的假設：如果把社會加諸在女性身上的有形與無形的束縛拿掉，那在聰明才智的「本性」上，女性是否比男性更為「至善」呢？

從各種學校考試和課業的總成績看來，事實也確是女生的分數比男生高出許多。但難道我們就可以反過來說，女生比男生聰明嗎？這只不過是把男、女生的位置顛倒過來，其實是非常誤導的想法。首先，什麼是聰明？我們常聽到的說法是女生比男生聰明，因為她們的成績比較好；但我們也同時會聽到，女生的課業成績比較好，所以應該比較聰明。這等於什麼都沒有解釋，只是在耍嘴皮而已，而且一耍就是上百年，對人性的了解非但沒有幫助，反而助長隔閡與歧視。

正本清源的方法，就是不能再把心智能力當成一個單一的、統合的內在特質，而且要認清各族群「內」的個別差異數，比之族群與族群「間」的差異數要大得多，兩性之間的差別也是如此。更重要的是，要確切了解某一項成就背後的智能，其實是後天的「教養」與先天的「天性」互動下的成品。

從演化的觀點，天性指的是個體適應外界環境變異的某些特定的傾向，這些不同的傾向表現在適應環境變遷的作業流程上。適應就是要解決問題，而解決不同的問題就有不同的作業要求。任何資訊的習得、儲存、選擇、提取及應用，都各有成功與失敗的機率，而且速度也不一樣。再者，儲存的表徵編碼（如語文碼或空間視覺碼）也和個體的傾向有關。

一般而言，女性對語音的感知、語意的掌握，及長期記憶的故事情節的提取，都比男性快很多。所以，在規定的時間內完成作文的作業，對女性非常有利；也就是說，如果聯考加考作文，則女生的成績就必然會更上層樓。但這並不表示女生在所有的語文測驗上都比男生好，如果考的是語文比擬（verbal analogy）測驗，而不是一般取自課本或講義上的知識記憶題目，則男生又跑到前面了，因為前者的作業需求是語意的「對應」關係，女生在這方面就比較弱了。

視覺空間能力的展現也是如此。小至四歲的小男生在想像物件的3D（三維）轉移時，成績就比同年齡的女生好，而且差距隨年齡增大。同樣的，男生對物件移動速度的判斷，也比女生準確很多。但女生雖然對空間的大方位沒有什麼概念，對局部的空間安排卻歷歷如繪，也就是說，走進超級市場，女生對東西擺放的方位可能會判斷有誤，走錯地方，但只要知道位置，架上排列的各種商標品牌，她們可是一清二楚，毫不含糊；男生則大概知道方位，卻常常不知道在那位置上有哪些不一樣的東西。

看來，男女確是有別，但不是誰比誰聰明，而是他（她）們對環境的感知與對解決問題的策略傾向從小就不一樣，適應的成果也就各有千秋。但強調傾向，就表示不是必然，因此男中有女、女中有男，兩性的認知組成是既相似、又不同。

這樣的理解是正視差異，又接納差異，更欣賞差異之所在。這世界本來就不一樣，男人、女人都不必為追求平等而改變自己。這才是人道的考量，您說是嗎？

2 嬰兒眼裡有西施

讓初生嬰兒當選美裁判，
保證過程公正，選出絕對的自然美！

您一定常常聽到「情人眼中出西施」這句非常浪漫的話，也很可能和大多數的人一樣，都被「對熱情的嚮往」沖昏了頭，相信「美貌」真是種個人的選擇。如果您確是這樣想，那麼您將如何詮釋「愛美是人的天性」這一句至理名言？前一句話指的是，對美貌的判定標準因人而異，而且這種個別差異的緣由，可能是成長過程中的社會化結果，也可能是天性使然，沒有什麼規則可言。但天性又是什麼呢？對「美」的審度到底是普遍性還是個人化？這兩句俚語看似成理又相互矛盾，您應該已經體會到科學家在面對「前人智慧」時的困境了吧！所以科學家不太願意去研究美的感知，並非他們心中沒有美，而是在科學的架構裡，很難去理解什麼叫做美，也確實不知道如何去界定美，遑論進一步去分析研究?!

但「愛美」這件事實在是太重要了!個人為瘦身、整形、「隆」此「縮」彼,可以傾家蕩產,王公貴族可以不要江山、寧要美人,霸王烏江自刎要先別姬,後主倉皇辭廟也要揮淚對宮娥,歷史上更不乏一個又一個「一笑傾城,再笑傾國」的故事。埃及有艷后、唐皇有貴妃,神話中有海倫、史實裡有陳圓圓,她們的美有共通的特徵嗎?環肥燕瘦,各有所愛,是真的嗎?還是「美貌必有本,顰笑再生姿」呢?也許科學家可以客觀的方法來幫我們解解主觀的困惑吧!

如果愛美是天性,那麼我們就先從個體出生時開始測量起吧!因為先賢至聖也曾斷言:「人之初,性本善」,所以趁著初生嬰兒還沒機會受到「近朱者赤,近墨者黑」的默化,先一步觀測他們對臉形的美與否有沒有普遍性的感受。也就是說,為了證實「愛美是人的天性」,科學家必須搶先在嬰兒被社會化以前,就測量到他們對美麗的臉形確實有特別的偏好,而且這偏好是可靠的(即有信度),也確實是針對美貌的向度而做的抉擇(即所謂有效度)。

首先,科學家要為「客觀界定美貌」這個向度去建立一組女人臉形的相片,相片中每一張臉的髮型都差不多,除了眉毛及五官的變化之外,其他可能影響臉形特徵的變異都盡量去除，譬如都不戴眼鏡。用這樣謹慎小心的態度去拍攝出二十張不同女人的臉的相片，然後請一百位大學生各自針對這二十張臉做出美或不美的評估，計算這一百人的給分得出平均值，就會得到這二十張臉由最不美到一般到最美的排列。我們把這二十張臉的美的程度量化，有了客觀的美的高低排序。

接下來，再到婦產科醫院找到四十位四～六個月大的嬰兒，每次測試一位。讓嬰兒坐在媽媽的懷中，正前方放著兩個電視螢光幕，左右對稱，螢光幕上各有一張由二十張臉中隨機選出的臉，然後測量嬰兒的眼光在每一張相片停留的時間，近年來發展心理學家一再證實嬰兒「偏好注目」的時間，反映出嬰兒對該物件的喜好傾向。因此，我們面臨兩個問題：第一，嬰兒可能區分這二十張臉的照片嗎？第二，如果第一個答案是肯定的，則這二十張臉的排列次序和那一百位學生所排的次序有關聯嗎？在我給您答案之前，必須提醒一個重要的實驗步驟，即媽媽必須戴上眼罩，否則透過肢體語言，媽媽的喜好可能就在無意中影響了嬰兒的選擇。

類似的實驗在好幾個嬰兒實驗室都得到同樣的結果，嬰兒不會說話卻能用眼睛表達他們對美的看法。他們偏好注目的排序，和成人的美的排序有很高的相關，充分表示了愛美果真是人的天性。更值得我們深思的是，經過二十幾年的社會化，大學生對美的看法竟然和初生嬰兒沒有兩樣，表示愛美其實是有很深的生物基礎的。

上星期，在一場對學生家長的演講裡，我與高采烈的報告了這個「嬰兒愛美人」的實驗結果，演講後，好幾個媽媽卻一致發言，說為什麼花錢、花精力做這些實驗，嬰兒愛美的事實，媽媽都知道，心理學家真是多此一舉！我只能告訴她們，科學的知識不能只憑印象，一定要系統化，才能去蕪存菁，才能驗證細節，才能發現機制，才能提升理論的水平，才能有憑有據的告訴審美大會的承辦單位：「讓初生嬰兒當裁判，保證過程公正，選出絕對的自然美！」

3 林布蘭的眼睛

其實看畫確實可以看出很多道理的！

自從把《達文西密碼》狠狠的快速閱讀兩次（一次看原文本，一次看中譯本）之後，我忽然對西洋的宗教及人物畫產生神秘的好奇心，走進畫廊看到一幅幅的畫，我不由自主的就一一仔細研讀，總以為在畫中會有隱藏的訊息，待我這有心人去解讀。上星期去一位篤信基督教的朋友家，客廳裡掛了一幅米開朗基羅的《創世記》名畫的複製品，我就如顛似癡的研究起來，希望在裡面找到一些啟示的秘箴。朋友待我全神貫注的掃描一番，也讓我有充分的時間屏息尋秘，然後說：「有何發現？」

我胸中已有定見，就拉著朋友到畫前，品評一番：「《創世記》這張畫真是有意思極了！一般通俗的解釋是，上帝坐在飄浮的雲朵中，在幾位小天使的歡樂護擁下，伸出右手的手指，把『生命』傳到一旁的亞當的左手手指上，這是創世記中人類生命由來的故事。依我的看法，這樣的說法是錯的。米開朗基羅真是個天才的先知！他畫的並不是上帝把生命傳給亞當，而是把『智慧』傳給亞當，畫中充滿了各種線索，不斷在暗示這一個訊息。

例如，畫中的亞當栩栩如生，哪需再加持生命；你再仔細看，上帝的手指和亞當的手指並沒有直接接觸，而是保留一小間隔，這個暗示太重要了，現代神經科學家到最近幾十年才了解，神經元和神經元之間的傳導不是如一條電線和另一條電線必須接觸才能導電，而是經由神經突觸和突觸之間的離子的平衡狀態的破壞，導致另一條神經的活化，這個電化作用是一切學習的基礎，所以米氏的畫所揭示的是，上帝把學習的機能傳給了亞當，而且最重要的是，這個機制來自人類的左腦，是理性的本源所在地！」

我看朋友一臉不信的樣子，就指著畫中承載上帝的雲朵，向他仔細解說：「你看那朵雲的樣子像什麼？是不是像人類大腦解剖圖中的左腦半球的形狀，連分開左前腦和左後腦的迴溝都那麼清楚可見。米開朗基羅若不是先知，怎可能在五百多年前就了解了左腦擁有人類邏輯推理的功能，所以他要上帝把真正的智慧傳給亞當，做為給人類的禮物！」

我可以從一張畫中看出這麼多啟示，朋友雖然不服氣，卻不得不佩服我穿鑿附會的本事。但他仍試圖「教育」我一番，說：「你講得煞有介事，但都是事後解釋，雖然有許多巧合，但並沒有其他獨立的數據來加以佐證。科學是講究證據與證據之間系統性的因果關係，不是像這樣看到什麼像什麼，就一定是什麼的論述方式！」

聽到朋友這一席科學感言，我就放心的把適才的偽裝全部卸下，恢復了科學人的本體之後，再次發言：「我完全同意你的說理，可是時下多的是這種神話連篇的科幻故事，稍一不慎，就以為有了科學的新發現。客觀的檢驗，才是一切科學證據的基礎。其實看畫確實可以看出很多道理的！哈佛醫學院的兩位視神經科學家對林布蘭的最新研究，就是最佳見證。」

我在他的書架上，找到了一本林布蘭的畫冊，翻開林布蘭從年輕到年老的十幾幅自畫像，我拿尺仔細測量每一幅畫中兩隻眼睛的瞳孔位置，看看水晶體旁的眼白部分是否對稱，這樣就可以算出每一隻眼珠的凝視點。仔細比對之後，很明顯的事實出現了，林布蘭的兩隻眼睛凝視點都不同，這表示他可能是看不到立體的形狀。這麼偉大的畫家竟然沒有立體的知覺，這不是很奇怪嗎?但是，記得我們上繪畫課時，老師總是要求我們把一隻眼睛閉起來，只用一隻眼睛去感知物件的顏色。所以，林布蘭的「立體盲」應該不會造成太大的負面影響，反而可能因為他對顏色的感知比別人都強烈，造就了一個劃時代的畫家！

朋友頗不服氣（科學人要的就是挑戰精神）——嫌畫冊的圖像太小，眼睛的測量過於粗略，他馬上上網去尋找這個荷蘭畫家的數位化作品，在螢幕上加以放大，讓眼睛的黑白更為分明。他埋頭苦幹了幾小時後，抬頭對我說：「你對了，林布蘭確實是個『脫窗』！」

所以，只有讓好品質的證據呈現，才是好科學！

4 親愛的，您可曾聽見我的呼喚？

因為實驗做得正確，
錦花鳥的冤情終得平反！

去年十二月，到歐洲開會，趁著休息時間，帶著幾個學生一道去巴黎大學動物實驗室，探訪幾位以前在加州大學共事的朋友。才從風雪交加的街道走進溫暖的室內大廳，遠遠的就聽到好友以那熟悉又滿載法國味的英語在發表高論，他正和另一位同事在聊天。只聽見他語帶羨慕，又惋惜的說：「那一對情侶總是成雙入對，看起來，感情好得不得了。女生這一方對男生簡直是有呼必應，只要男的喊一聲，女的不管在哪裡，正在做什麼，一定馬上就抬起頭來回應，如果別的男生叫，她理都不理；但很可惜的是，男生那一邊就沒有這麼熱情，對女生的呼叫，他總是愛應不應的，就像對一個陌生人一樣。這樣不對稱的感情，實在令人感到不公平！」

我走上前去，拍拍老友肩膀，同時向他的同事點頭致意，就數落起這位老友：「我千里迢迢來拜訪你的實驗室，聽說你們做了好多漂亮的實驗，以為可以學到一些新的理論，想不到你卻在這裡閒聊男女八卦，到底是你實驗室的哪一位花心大少正在欺負女同事，不如我們一起去對他『咆哮』一番，曉以大義，看能不能使他對感情專注一些，對愛他的人有相同的回應。」

朋友和他的同事聽我的這一番調侃，愣了一下，忽然間爆出大笑，眼淚都流出來了，一面指著我的鼻子說：「你想到哪裡去了，什麼男同事、女同事的愛情八卦?!我們正在說錦花鳥（zebra finch，一種澳洲原產、很會唱歌的鳥）鳥歌對唱的實驗。你知道牠們是生物界公認戀情非常專一的夫妻鳥，通常都是配對之後，就從一而終，非常恩愛。但我們在實驗室做對唱的實驗時，卻發現母鳥（female）對牠老公的歌聲有辨認的能力，即使是在只聞其聲不見其影的遠處發聲，母鳥都能只對配偶的歌回唱，對非配偶的鳥聲就懶得回應了；公鳥則不然，對配偶和非配偶的歌聲一視同仁，回唱的次數沒有顯著的差別。到底公鳥是無法辨認母鳥的歌聲呢？還是有辨認能力，卻真是天生劈腿族，對配偶的情感難以專注？我們在這裡討論實驗的結果與其含義，是嚴肅的學術交談，哪像你，才到巴黎，就被香水迷昏了頭，把我們的研究發現聽成街邊巷尾的男歡女愛的故事，真有你的！」

我覺得很不好意思，但只能怪英文以male和female分辨雄雌，而且人鳥不分。如果是用漢語，男人、女人，公鳥、母鳥，分辨得清清楚楚的，我就不會聽錯了。話說回來，這個研究發現很有意思，但也太不可思議。一般說來，錦花鳥雖小，但公鳥對配偶的保護是無微不至的，也可為配偶和其他公鳥不惜一戰。所以說牠們無法辨認配偶的呼聲，實在是有些矛盾。會不會是母鳥唱的歌過分簡略（比之公鳥歌聲的繁雜，母鳥唱的歌是簡單多了），所能提出的區辨度太少，因此公鳥就是再認真聆聽，也無法辨認哪一串歌聲是屬於自己配偶的。

我把這個意見向好友提出來。他們說：「早想到這個可能性了，而且我們也用音譜儀去分析不同母鳥的歌聲，發現只要用十七個聲音的物理參數去檢驗這些歌聲的特質，則每隻母鳥的歌聲都有獨特的性質，公鳥應該很容易分辨的，所以牠對配偶的歌聲沒有特別的關照，一定是牠太花心了！」我仔細研讀母鳥歌聲的音譜，也對朋友所提出的區辨方程式反覆的校對，不得不承認朋友的說法，開始對公鳥的無情有些生氣，簡直是毫無「人」性，這種鳥性，令人不齒！

朋友見我義憤填膺，開始替母鳥向公鳥嗆聲，數說牠們的不是，就拿出另一份數據與圖表，對我說：「且慢生氣，我們原來的實驗沒做好，讓結果出現了嚴重的錯誤，誤導了大家的看法。我們原先的實驗為了簡化所有的實驗條件，就讓公鳥單獨聽歌，忘記了公鳥生存在鳥群的社會情境中。把鳥孤立起來做研究，就剝奪了鳥的生態環境，忽略了牠的社會性。後來，我們在實驗中重建公鳥的社會情境，讓牠和其他公鳥為伴、或和非配偶的母鳥為伴、或和自己的配偶一齊來聆聽不同母鳥的歌聲，結果令人震驚，後者的回唱次數，比前兩者的回唱次數多了好幾倍，充分展示了公鳥對其配偶的關愛之情。滿意了吧?!」

我再次檢查所有數據，對這個第一次在非靈長類的動物中發現社會型認知的結果，感到非常欣慰。我們對動物行為演化的緣由，有了進一步的認識，但這個研究最讓我感動的是研究者能矯正自己的錯誤，更由生態效度的觀點去重新設計實驗，得到了完全不同的結論。由於實驗做得好，錦花鳥的冤情終得平反！

5 星際論戰，但看石雕

希巴克斯才是我們的英雄！

街頭攝氏零下八度，除了開會非得頂著刺骨寒風外出，大半時間我只能躲在旅館房間內，望著窗外越飄越多的雪花，正前方紐約中央公園裡那一棵棵大小不一的樹，像是穿上白色大衣的雪人，安安靜靜站立，聆聽寒風的咆哮。我轉頭聚精會神凝視橫躺桌上一早送來的《紐約時報》，心裡一陣興奮，科學版刊登了一則新聞，那是一月中旬美國天文學會的科學家在聖地牙哥開年會時，公認為近年來最令人喜悅與讚賞的大發現。人人津津樂道，報上也由許多資深科學記者撰文廣為討論，我雖然不是天文學的研究者，也不能不被這些報導吸引。我迫不及待透過無線網路下載更多的報導，更大而清晰的擎天神亞特拉斯雕像（Farnese Atlas）的圖片，把它的身世看個究竟。難道那是雕刻在隕石上的作品，或隱藏了什麼密碼，才會引起天文學界的驚豔？

不是的，那不是外太空掉下來的隕石，而是一千八百多年前羅馬雕刻大師以大理石所刻成約二公尺高的雕像。說的是希臘神話裡亞特拉斯被天神宙斯懲罰，去撐起整個天界的故事。這尊大理石雕刻收藏在義大利那不勒斯國立考古學博物館中，參觀的人無不驚歎其雕工之精、造型之美，但很少人了解亞特拉斯奮力以背撐起的那顆天體之球，隱藏了千古的智慧。直到美國路易斯安那州立大學一位天文科學家布萊德利・薛佛（Bradley E. Schaefer）注意到那球體上浮刻的四十二個代表天上星群的圖像位置，很可能反映了兩千多年前星群的方位。

這個發現很有趣。以現代天文物理學的精準計算，是可以根據這個星群的方位與座標，推算出它們出現在這些相對位置時的年代，薛佛教授的貢獻就在這裡。因為這些精準的年代推測，連帶解決了雕刻亞特拉斯雕像的大師是根據誰的星球目錄才能刻出這天體之球，是公元前一一三〇年的敘利亞星象圖嗎？還是公元前三三六年歐多克索斯（Eudoxus）的傳述呢？是根據公元前二七五年詩人阿瑞塔斯（Aratus）所寫的星象詩集裡描繪的方位嗎？還是根據公元一二八年托勒密這位偉大天文學前驅所寫的《天文學大成》（*Almagest*）的記錄呢？

薛佛用各種角度拍攝天體球，並選了七十個點來計算星群之間的距離與相對位置，然後比對兩三千年前行星運行的軌跡，用χ^2（chi square）的統計推理去求最小差異值，結果發現，天體球上所呈現的顯示圖，應該是公元前一二五年希臘人夜晚抬頭仰望天上星星的奇觀，若加上計算的誤差（推估為五十五年），則亞特拉斯背上的天體球所刻畫的星象應該是出現在公元前一八〇～七〇年之間。這個年間距就一齊排除了上述那些人的作品了。有趣的是，如果以上皆非，則何人為是呢？

啊！這會不會就是根據那位希臘最早的天文學家希巴克斯（Hipparchus）所寫的《星球圖誌》（*Star Catalog*）呢？許多歷史學家皆有記載，希巴克斯在公元前一二九年寫了這本書，但它可能燒燬在埃及亞歷山大城圖書館的那場大火中，已經失落不可復得。薛佛的發現，證實了圖誌的存在，也再次見證了兩千多年前希巴克斯是個觀察入微，且有能耐把星群運行的道理具體轉化為球體模型的一位科學家。其實在出土的古希臘錢幣上，就刻有希巴克斯在模鑄天體球的圖像。薛佛讓我們在幾千年後，仍能從亞特拉斯雕像中體會古人智慧的成就，你說我能不感動，能不也跟著感受到前人智慧的喜悅嗎？

回到台灣的這幾天，我拚命把這個喜悅和同事共享，請他們務必看一看那座雕像。但同時在網路上，我又看到了另一波討論，原來薛佛並不是第一位討論那顆天體球的人。在一九八七年一本不甚知名、研究科學儀的科學期刊 *Der Globusfreund* 上，曾登過 Vladimiro Valerio 教授的一篇文章，他也曾計算球體上的星球年代，但他的結論是托勒密的《天文學大成》才是雕像的原典。

桌上電腦螢幕，幾個關於薛佛、Valerio、亞特拉斯雕像的視窗並排顯示著，我興味盎然觀看科學上的爭辯。讓證據發言吧！以公元前一二九年的星空景觀去比對亞特拉斯雕像的天體球，誤差很少；而若以托勒密時代的星空景觀去比對，則誤差就大得太多了。千年論戰，盡在石雕上：希巴克斯才是我們的英雄！

仔細再看石雕，亞特拉斯忍辱負重的臉龐，似乎因為千古之謎得以解開，而有了笑容?!

6 燒酒飲一杯，乎乾啦！

化學家分析出土陶器，告訴我們人類醉了不止一萬年。

「文明就是工具的進步」，這是我們小時候自然課本裡的一句話，我一直很喜歡它的簡捷俐落，而且表義清晰，所以長大後每次有機會去參觀世界各地的歷史博物館，我總是非常注意出土文物的製造過程，以及這些器皿的功能如何一步一步的精進。從人類揉土為器，燒陶為皿，製造盛水的瓶罐開始，文明的進展隨著器皿的耐熱程度日益精進，陶製品可以耐溫高達三千度以上，其背後的知識文明，比之遠古那茹毛飲血且「衣食不足，何知榮辱？」的時代，當然是不可同日而語焉！

這些越來越耐溫的陶土製品，是用來做什麼呢？當然，裝水、裝溫水、裝熱水是主要的功能，但也可裝五穀雜糧，裝醃菜、醃肉，然後不知哪個時代開始，有人也用來擺花弄草，就有了花瓶的功能了。有了綠葉持紅花，又有白梅倚松枝，哪能沒有古典或現代、穩重或流暢、環肥或燕瘦等各類式樣的花瓶呢？忽然之間，人類已進入追求抽象的美與豐富多采的需求之境了。

但這些瓶瓶罐罐除了裝水、裝花草之外，更重要的是裝酒。因為人類在很久以前就懂得飲酒作樂，而且把這種醉人心神的液體，獻給上天，獻給大地，獻給眾神，當然更要用來祭祀列祖列宗，祈求保佑。所以藏酒、盛酒、飲酒就成為陶製器皿的主要功能之一了。酒成為娛樂文明的表徵，也是宗教文明展現的媒介，更重要的，酒的釀製是人類創作發明史中最值得回味、影響最深遠的一項成就。

但人類並不是一定有酒才會醉。自然界的許多花草果實，咬在口裡，嚥下喉道，消化在胃裡，隨血液循環到腦裡，刺激腦內啡的分泌，人就會"high"了起來。但這個"high"的感覺和三杯酒下肚之後的微醉之感，是沒得比的，何況好酒含在口裡的溫馨之感，是檳榔怎樣細嚼都嚼不出的感覺，而且撲鼻的酒香，回嗝的淡香，都是其他的花草之"high"無法比擬的。酒，是要經過特別技術釀造出來，所以，遠古那些發現、發明並發展釀酒之術的人，才真是值得我們這些只要喝一杯就快樂似神仙之輩大大的尊敬與膜拜呢！

那麼，人類到底什麼時候開始懂得釀酒之術呢？前幾年，法國標售了一瓶號稱已保存三百多年的酒，打開已不能喝了，因為已經變成了醋；而不久前，我有幸喝了一杯據說保存了一百五十年的紅葡萄酒，並沒有什麼特別的感覺（其實我也不知道要去期待會有什麼不同的舌覺）。但這些年代都太近了，不能回答創酒史的問題。倒是一九八〇年在中國出土了一件三千年前的青銅器，因為所有的裂口都給銹住了，裡面保存的酒居然還沒有蒸發掉，打開之後，酒味已走了大半，但它確實是米製的酒。所以，在三千年前，中國已有很精進的釀酒技術，是毋庸置疑的。

但這並不是最早的釀酒證據，考古人類學家在中東地區挖到了幾個製酒場所，年代都在五千年以上，而在去年的一份科學報導中，從伊朗出土的盛酒器裡，發現了殘留的酒跡，那批陶罐的製造年代已經超過七千四百年。對了！要尋找更早的酒的痕跡，答案還是在更早的陶罐上，只要從出土的陶罐中去尋找殘留的酒的痕跡，就可以推測在那個年代裡，人們已經有酒可飲，而只要進一步分析殘酒的成分，就可以推測當時釀酒的技術了。

根據這樣的邏輯思考，美國費城賓夕法尼亞大學考古與人類學博物館的一批化學家，六年前接受了來自中國大陸考古學者的委託，將一九八四年在中國河南省舞陽縣賈湖遺址出土的十六個陶罐進行化驗，他們用五種不同的化學分析方法，去鑑定滲透在陶罐中的殘留物成分，去年底這份研究報告出爐，發表在《美國國家科學院學報》（*PNAS*）。分析結果讓他們確定了這些殘留物中有米、蜂蜜和野生葡萄的痕跡，比照現代人釀造的米酒和葡萄酒，兩者的化學成分非常接近，而前者的陶罐燒製年代大約在九千年前。

看來，在將近一萬年前，中國和中東兩個地區，同時都開始把野生植物變成農業生產的一部分，而越來越複雜的社區生活型態，也驅使飲酒文化的興起。有趣的是，經過了將近一萬年，中國造酒的基本方法並沒有多大的變化，和三千年前那裝在青銅瓶子裡的酒之成分相比較，是如此；和現代街上買到的米酒相比，也是如此。

其實，現代人所掌握的釀酒技術，不能說沒有進步，但主要的進步還是只有在香料和不同草藥的搭配，使酒的香味更為濃郁，而酒瓶的妝扮更為美觀精緻而已，當然，利用各種雜糧和花果的性質，製造出味道不一樣的酒香，更營造出了紅酒配肉、白酒配魚等等適材適酒的舌苔文化。

說人類文明的進步反映在酒的文化之變遷中，當不為過！這幾天，在異鄉開會，久未見面的老友帶了一瓶私房酒到旅館來，說是家鄉酒要和家鄉人對飲，打開一看，是金門陳高，一開瓶，果然滿室生香。道往事、會老友，想李白、憶東坡，今夜可以以酒入詩，可以乘醉為文，可以把盞為樂，載酒而歌……。
燒酒飲一杯，乎乾啦！

7 文化是一種選擇

岡貝河畔的猩猩行禮如儀以示友善，那應該也是一種文化的展現吧?!

你看過《上帝也瘋狂》那部電影嗎？如果還沒有，那你真應該去租片DVD，在家裡好好的享受一番。這部老電影絕對是老少咸宜，既有非洲的原野風貌，又有各類鳥飛獸奔的絕妙奇景，但最令人讚賞的是劇情創意十足，風情無限。

電影中以現代文明與原始部落文明的矛盾，以及雙方對某些特定事物的看法沒有交集，而延伸出許多令人捧腹的場景。例如，如果你在一個沒有現代科技產品的叢林中生活，忽然間由天上掉下來一只可口可樂的玻璃瓶子，恰恰好打到頭上，你會如何看待那一個和周遭生活環境完全不符合的「東西」呢？是神賜的禮品，還是魔鬼丟棄的不祥之物？

這部電影並沒有以現代文明去貶識原始部落的生活型態，相反的，它標示了生活在純樸簡陋的叢林人（Bushman），對現代文明的複雜，以及現代人為物所役而引起的鉤心鬥角，感到不可思議。他們在團隊的生活圈中各取所需，不會貪得無饜，也沒有把外物（如可口可樂玻璃瓶）據為己有的私心，反而是全村老少圍在一庭，大家討論如何處理那個外來的不明之物，充分展現了生命共同體的特質。仔細聽他們一來一往的輪流說話，不但長幼有序，而且充分尊重當事者（發現外物的人）的發言權。

更有趣的是他們講的話，除了我們習慣聽到由聲母、韻母組成的音節之外，間夾著舌頭打在牙齒背後所形成的「答啦」「答啦」聲音，這是這群匹克美（Pygmy）原住民非常特殊的語音。根據歷史語言學者的研究，他們的語言屬於人類最古老的語言，而這些「答啦」「答啦」的齒後音可能是模仿斑馬跑步的聲音。

如果我沒有提醒你這些「答啦」「答啦」的聲音，而你也只注意影片中有一群人說外國話，那你可能根本聽不到這些「答啦」「答啦」的聲音。如今，你知道有這些奇特的聲音了，再去聽那群人說話，忽然之間，你會被這些無數的「答啦」「答啦」聲所嚇倒的。但為什麼在未被提醒之前，你一個也沒聽到呢?!語言的感知真的很妙，我們只習慣聽我們所熟悉的語音，而那些不熟悉的語音，並不是感官裡不存在，只是我們不以為意，就有「聽」沒有「到」了。其實我們這種選擇性的注意，代表的是一個社會文化的行為表徵。所以，文化最簡單的定義，就是一個社會針對某一種需求，在許許多多的可能性中，選擇出某些特定的作為，共同塑造了某些行為表徵的型態。所謂約定俗成，其實指的是選擇的過程，也是結果。

根據這樣的定義，那文化中很多符號的象徵意義，其形成很可能是沒有特定含義的。記得我三十多年前初到美國，在鄉間的大學城求學，住在學校宿舍，同寢室的室友是一位很皮的美國學生，他告訴我，在這個鄉村開車要轉彎時，駕駛人必須把手伸出去，以中指示意轉彎的方向。我信以為真，每次開車轉彎時，總是伸出中指去指路，因為我覺得大拇指是尊重，小拇指是貶抑，而食指又太沒有禮貌了，所以中指應該是比較中立的。

我比了好幾次，自以為很得體。有一次，我的指導教授問我為什麼喜歡伸中指，我還很得意的說明這個鄉村的習俗很符合中國古禮的中庸之道，他笑歪了，才告訴我不可以再隨便伸中指了。原來在歐美的社會裡，選擇了用「伸中指」表示很不堪入耳的辭彙，是一種特殊的文化。而我好意的解釋，全表錯情了。我回到宿舍，對我的室友伸了一次中指，從此就不再犯了！

其實，在很多不同地區，人們用不同的方式表達同樣的含義，有時用同一個方式卻又有完全不同的含義。例如，我們想知道外面有沒有下雨，就把手掌伸出去，面向上去試探有沒有雨滴；但聽說巴黎的人卻是手背向上，也達到同樣的目的。還有，在我們這裡對人伸舌頭，表示厭惡；但在西藏，對人伸舌頭，表示絕大的敬意哩！

更有趣的是搖頭，在我們這裡，當然是表示反對；但我有一次在印度的大學演講，把自己最新的得意之作，做了自以為最精采熱情的介紹，預期台下的聽眾一定會聽得如痴如醉，大為欣賞。誰知道，我放眼一瞧，底下的幾位大老確實是仔細在聆聽，卻大搖其頭，我心慌意亂的結束演講，但又得到滿堂熱烈的掌聲，真是百思不得其解。後來，悄悄問其中一位研究生，他才告訴我，搖頭表示讚美！原來是入神到搖頭晃腦起來了，還好！還好！

我們的祖先拱手作揖，表示寒暄問候；現代人則趨前握手，也許還加上擁抱，展示友善之意；在《上帝也瘋狂》的電影裡，叢林裡的匹克美人表示友誼時，伸出左手，把手掌放在對方的胸前，放穩之後才侃侃而談，這些都是人類社會的特定文化。但是最近研究猩猩的學者，在岡貝（Gombe）河畔的猩猩群中，發現很有趣的表現友誼的方式，在那裡的成年雄猩猩，要相互表示友善時，竟然都要把左手伸高捉住樹枝，然後用右手在對方的胳肢窩做梳理的動作，但幼小的猩猩卻要經過社會化的學習過程，才學會這種行禮如儀的動作。所以，我如果根據上述文化的定義，說這些猩猩是有文化的，你會同意嗎?!

8 講古：一粒晶鹽，生機無窮

一場二億五千萬年的爭論，
讓生命的科學發出光芒。

「彭祖年高八百」是小時家鄉耆老講古時愛說的故事，我當然知道那只是個神話，在現實的世界中並不存在，但是人類的平均壽命百年來一直往上提高，由四十、五十到六十歲，在某些先進國家可達到七十歲，甚至超過八十歲。也許再過幾年，隨著生物科技的進步，人類對身心自我管理的條件越來越好，而社會環境的諧和度也逐日提升，促使意外死亡的事件趨近於零，那時候，人類的生命期望值（俗稱壽命）會飆到哪一個高度？是兩百歲？還是五百歲？真是八百歲嗎？那「彭祖年高八百」就不是神話，而是預言了。

其實，從人類壽命延長的這個史實，再根據各項生理、社會條件的變革，加上生物科技的突飛猛進，去追蹤壽命提升的趨勢，然後下一個論斷，在多少年之後，人類生命的期望值會到達幾百歲。這些臆測，當然可能（possible），但實際上，這樣的期待真是太不可能（improbable）了。因為變數太多，而且沒有一個實例，證明生命體可以活那麼久。

所以，當我們要去尋找長壽的機制時，有一個核心的問題，就是在地球最真實的生態演化中，最長壽的生命實例是什麼？它有極限嗎？

有人馬上可以指出來，阿里山上的神木不是曾經活了三千年？而且世界各地發現仍然活著的幾千歲大紅檜，也時有所聞，甚至於活上萬年也不稀奇。美國加州沙漠上，曾經發現活了一千兩百年的樹叢；而在澳洲塔斯馬尼亞的 Kings Lomatia 大樹已經活了四萬四千年，還越長越高。但這些都是植物，而且已經失去了有性生殖的能力了。那麼我們所熟悉的動物呢？龜不是可以很長壽嗎？到底有多長壽？一七七〇年，知名的英國航海冒險家庫克船長（James Cook），曾經送了一隻馬達加斯加的大海龜給東加王國的皇族。這隻「貢」龜在一九六五年死亡，大概活了一八八年，真的是長命百歲，但距離「年八百」還有很長的距離。

看來，由神話變成預言的可能性是越來越小了。在真實世界中，要想尋找超出兩百歲高齡的生命體是很困難的。面對這樣不算高的生命期望值，的確是有些令人洩氣的。所以，你一定可以體會，在二〇〇〇年十月《自然》雜誌上所發表的那篇非常長壽的生命體的文章，會引起多大的震撼。三個科學家在美國新墨西哥州的沙漠上，找到了一塊鹽結晶，裡面有一小水泡，而在流體中竟然發現了一個活生生的細菌。它有多少歲了？乖乖！根據研究，這塊鹽形成結晶體時，距離現在已經有二億五千萬年了。雖然說這個暫被命名為*Virgibacillus Species 2-9-3*的細菌老祖宗，泡在流體中不動如在深眠中，但它是活的，卻是無可疑義的！三位科學家如獲至寶，趕快聯名發表，公告這個賦有「生命啟示錄」的重要發現。

這篇文章一發表，信者當然拍手叫好，但學者不信者大有人在。生化科學家首先發難，質疑竟然有核酸會經歷如此長久的年代，仍能保住其原始狀態。就算該細菌在結晶體中深眠如孢子，其DNA應該也會受到地面紫外線的影響而產生變化；即使深埋地下，地殼變化所引起的自然輻射也會對它有所作用的。地質學家接下棒子，也提出反對的意見。他們研究了晶鹽發現地的結晶岩層，認為該地層有好多跡象指出，結晶岩層斷裂的情形相當嚴重，因此，古老原始的流體已流失，而包在晶鹽中的流體根本就是由近世代的外來流體入侵所得。言下之意，那個細菌當然就是隨著入侵的流體而來，說穿了，就是近代的產物，而非二億五千萬年前的老祖宗。

談到生命，基因學者當然不甘後人，他們指出，從那三位科學家對那個細菌的基因定序結果看來，它的16S核酸醣結構和近代所發現的同種細菌非常類似。意思是說，要麼這個號稱「遠古」的細菌是被外侵污染的，要麼就是這種細菌的子孫，在往後的二億五千萬年都沒有發生變化。前者當然是說「原始者」被「後來者」所取代了，不是真貨；而後者則是諷刺哪有生命體經歷二億五千萬年都沒有變化，簡直是豈有此理！

面對這些四方八面而來的反對之聲，而且提出來的都是各領域赫赫有名的大將，三位原作科學家並沒有被嚇壞，也沒有兩手一攤，說：「如果我們的發現不是真的，那我們就辭職不幹科學家了！」這樣做，就太不負責任了。科學的平台上，要的是真材實據，而且要針對疑點，再舉證說明。首先，他們和一組生化學家合作，用一連串的實驗證實，在岩石表面上的鉀40同位素所產生的自然輻射，對藏身在晶鹽中的細菌並無死亡之威脅。因此，就瓦解了生化方面的反對意見。

接下來，他們又結合了地質學家，針對岩層斷裂、引起外物入侵的說法予以反駁。他們仔細檢測晶鹽中的流體內的許多離子。由於在海水中的各種離子，其平衡的比例隨著年代而有所變化，因此根據這個比例，將可以斷定流體的年代。結果令人欣慰，因為

內含 *Virgibacillus sp.2-9-3* 的流液，其年代是符合二疊紀的年代，而不是後來的入侵物。他們成功的用地質學家的方法，擺平了地質學家的反對聲浪。

對於基因學者的強烈質疑，三位科學家比較難回答，因為他們在新墨西哥州找到的細菌，居然和死海晶鹽裡的細菌有相似的基因結構，硬要說二億五千萬年都沒有發生變化，確實令人懷疑。但是每一物種都有不同的演化速率，誰能說清楚晶鹽中的細菌，必須套用哪一個演化速率才對呢？三位科學家也只能說：「你告訴我確實的演化速率，我們再來回答你的問題，否則要用『少有變化』去質疑年代的檢定，是有些牽強的！」我蠻同意他們的說詞，但我也知道這樣的說法並不是最強而有力的辯駁，更直接的證據還是需要的！

科學家真好玩，不是嗎？為了那麼微不足道的細菌，可以勞師動眾去為它的年齡爭辯。但這不就是科學最可貴的地方嗎？去蕪存菁，見微知著，一切都是為了要找到生命的真相。

我利用這晶鹽中的小小細菌，敘述一件科學平台上的生命之戰。我們看到科學家的發現之喜，也體會到被質疑之懊惱，但更令人稱善的，則是科學家以子之矛、攻子之盾的論證過程。當反對的聲浪由四面八方排山倒海而來，科學家若要堅持己見，則必須針對異議，導出關鍵性的實驗，然後讓結果說話。

這種以證據為基礎的辯證，才能讓知識有所進展。也唯有如此，我們才有機會一窺生命之奧秘。所謂延年益壽，也就指日可待了！

9 科學向腦看：透視思維的神經動態

我們正在用我們還在演化中的腦去理解那演化而來的腦。

從小，我在台灣南部的鄉下長大。那裡溪水清澈，山明樹茂，白天風和日麗，一到夜晚，則天上繁星無數。有一次聽說有流星雨過境，為了一睹奇觀，老師們帶著學生在廣闊的操場上，忘我的數著閃爍的星星，初中的英文老師領著大夥兒輕唱“twinkle, twinkle, little stars”。自然科老師更是帶著倍率不一的望遠鏡，讓同學們輪流上望，看星星變大變亮。我傻乎乎的問老師：「要多大的望遠鏡，才能看到最天邊的那一顆星？」老師說：「好大！好大！還要擺在最高的山峰上！」四十五年後，我果真在夏威夷大島的四千公尺高峰上，看到了一個很大很大的望遠鏡，它卻不是一面透鏡，而是由八座次毫米波陣列所組成的雷達偵測盤式的天文台。科技的進展，使我們可以用它們的合音，來聆聽距離地球三千光年遠處的星雲所發出的訊息！

年紀稍長一些，我到城裡的高中念書，工業城的天空永遠蒙上一層塵霧，星星不再那樣的明亮，我們的夜晚就少了觀星的樂趣，但生物課老師把我們的眼光從外面的星空帶進人體的基因，談生物的演化，讀達爾文的傳記，當然也要知道人體有二十三對染色體，一半由爸爸來，一半由媽媽來。但那時候除了孟德爾的遺傳實驗與定律之外，教科書裡連DNA的雙螺旋結構都還沒有個影子，更不可能去談如何由基因的概念去追尋人類祖先的故事了！

想不到四十五年後，我會在瑞典的烏普沙拉大學（Uppsala Universitet）主持一場科學研討會，主題是「基因、語言與人類的演化」！一組科學家由Y染色體去追尋爸爸的爸爸的爸爸……在哪裡，然後要找到「科學的亞當」的落腳處；另一組則由女性粒線體的DNA去問媽媽的媽媽的媽媽……在哪裡，然後也把「科學的夏娃」的故居找到。就純理論的觀點而言，這兩者總該在某一年代合而為一（十萬年前？），產生後來這麼多子子孫孫，分佈在地球的各個角落。如果不吻合呢？是理論錯、運算錯，還是祖先輩有人出軌了？是媽媽的媽媽的媽媽……那邊，還是爸爸的爸爸的爸爸……這邊?!第三組科學家則從語言的多樣性去尋找共同的祖先，因為人類走到哪裡，語言就被帶到那裡，但變遷也會帶來多樣性的結果，問題是這種遺傳的距離（genetic distance）和語言的距離（language distance）和文化的距離（cultural distance）的相關為何呢？

回顧我求學、教書、研究的這五十年，人類科學的進步確實驚人，外太空、內基因，大及寰宇蒼穹，小探奈米世界的無限空間，知識的累積表現在針頭上的數部《大英百科全書》，而資訊傳輸在彈指之際。這一切的成就都應歸因於卓越的人腦認知思維運作，但人腦裡那10^{12}個神經細胞如何形成認知的平台，要認識外界的音、影、形象，要分析其含義，要注意重要的訊息，要儲存學會的東西，要忘記不愉快的往事，要能解決當前的問題，要創造新的生存機會，要「計算」得失，要「算計」未來，要有夢想……。這一切的認知思維運作都藏在腦殼裡面，看也看不到，碰也碰不得，如何可能了解其組織的性質以及運作的規律？除非有意外！

一八八〇年，在義大利有位農夫就發生了一次頭殼破裂的大意外，根據文獻記載，他活了下來，而且令人驚奇的是雖然他左邊的腦殼是打開的，人卻若無其事活得好好的。幫他開刀治傷的醫生叫莫索（Mosso），對他充滿好奇，常常找他聊天。他注意到一件有趣的事，每次遠處教堂的鐘聲響起來，就會看到農夫頭殼底下的部分腦面有血液集中的現象，而且一再發生。莫索醫生猜想這可能和鐘聲引起農夫心中的祈禱意念有關，於是問農夫，鐘聲響起時，他想到什麼？農夫回答很乾脆：「祈禱呀！」就在這時候，農夫腦部的同一部位，又有充血的現象。莫索醫生緊接著又問農夫：「8×12是多少？」農夫回答：「96呀！」同時，腦部充血又再次發生，而且屢試不爽。這一百二十多年前的觀察，可能是人類第一次把血液流量和認知思維的啟動直接聯結在一起的歷史場景。

一個世紀之後，我們不必再苦等人腦的意外事件了。利用現代先進的科技，我們不必打開人的頭殼就可以計算殼內腦各部位血流量的變化。所謂功能性磁共振造影（fMRI）技術，就是當一個人在進行某一種認知功能（如記憶、想像、決策等）時，其特定的作業所激起的腦神經活動，可以用物理的測量方式和統計的檢定方法，轉換成不同顏色的影像（如紅色代表高程度的反應）。研究者從這些影像仔細建構腦部各部位的特殊能耐，並且慢慢把部位與部位之間的功能關係（functional relationship）勾劃出來。才不到二十年的努力，fMRI的研究結果，已經對哲學界持之已久的心物二元論提出挑戰，《笛卡兒的錯誤》這本書在一九九五年出版，不到半年，就已經洛陽紙貴。但六年後，更多的腦科學知識，又已經使書中的實驗結果和論點，變得過時了。

早期的fMRI是靜態的影像，而且一次造影大概要兩秒鐘。人類的思維速度，快得不得了，認出一個字不到十五毫秒，所以兩秒鐘的影像對認知運作而言是太久了，且太多的「雜思」可以使目標影像受到干擾，造成混淆的結果。所以發展一毫秒一毫秒的影像技術，就成為腦科學研究的當前要事。問題是fMRI的空間解析度很好，但時間解析度差；而時間解析度好的測量系統，如腦磁圖（MEG）及腦波圖（EEG）的空間解析度又不好。怎麼辦?有一天在陽明大學認知神經科學實驗室，看到一群年輕的研究者正在發展新的技術，把fMRI和MEG的影像融合在一齊，然後一毫秒一毫秒的去比較，看到松鼠的畫像及讀到松鼠兩個字時的腦的動態影像。我好感動，科學對腦的了解，從此又提升到一個新的境界了！

科學向腦看，研究人自己當然是好事一樁，因為我們正在用我們還在演化中的腦去理解那演化而來的腦，我也正在用腦賦予我的思想和寫作能力去說明腦所完成的科學成就。有比這更令人興奮的嗎?!

10 上帝造人，人創語言

科學家何其有幸，在尼加拉瓜革命的灰燼中，目擊了新語言被創造出來的歷程。

尼加拉瓜，中南美洲裡一個極端貧窮的國家！

尼加拉瓜，長期以來在極端獨裁政府的統治之下，人民生活非常困苦，物質缺乏、教育不普及、知識低落、民怨四處、抗暴聲不斷……

革命終於爆發！一九七九年七月十九日，左派思潮的桑定國家解放前線，領導廣大的人民群眾，發動草根性的全面抗爭，犧牲了數萬人民的生命，擊退美國來的支援，終於推翻了由美國政府所支持的蘇慕薩（Somoza）獨裁政府，成功建立了「以絕大多數的邏輯」為執政方針的人民政府。

但革命成功的歡樂並沒有維持很久，新政府從獨裁者手中承接過來的是滿目瘡痍的國土及龐大的外國債務，即使有心，面臨的卻是巧婦難為的困境，人民的痛苦不能馬上改進，外國的勢力又不停入侵，內亂加外憂，桑定政府的執政不到十年就瓦解了。

一直到今年，桑定政權的前領導人奧蒂嘉（Daniel Jose Ortega），在十六年的失勢之後，又以三七・九九%的選票，贏回總統的位置，但不到四成的選票，就註定要在聯合政府中掙扎了！尼加拉瓜仍然窮困，人民什麼時候才能出頭天?!

對尼加拉瓜的人民而言，七〇年代末期以來的革命可以說是尚未成功，但桑定政府剛開始執政時，對人民的照顧，確實也能秉持當初人民革命的理想。在教育與醫療的普及上，做了很多實質的努力，尤其在全國的掃盲運動上，發動了近八萬的義工，把成人文盲的比例降低，且在聯合國教科文組織的大力幫助下，提升基礎教育的品質。對弱勢族群的重視，更是前所未見。這些新興的作為，除了嘉惠弱勢學生的身心成長之外，也提供了科學家一個意想不到的窗口，得以一窺某一生命現象由無到有的發展歷程，提供了科學理論建立時所需要但卻不輕易觀測得到的證據！

因為貧窮，交通不便，尼加拉瓜人民的人口流動與交流是很不可能的，尤其是社會的弱勢者如又聾又啞的人，更是社會的邊緣人，他們孤立無援，往往一生碰不到另一位聾啞人。八〇年代初期，新政府甫成立，第一所聾啞學校在尼加拉瓜首府馬納瓜成立，而有幸入學的聾啞生，第一次有機會接觸到另外的聾啞生，由彼此陌生到天天生活在一起，成為熟悉的伙伴。他們如何溝通？如何交談？學校裡所教的西班牙語，對他們毫無用處！但奇妙的事情就「忽然間」發生了！

開始的時候，他們用簡單的手勢、用肢體，也用眼神，更用誇張的臉部表情去傳達訊息，然後手形（hand shape）有了象徵的意義，手的上下左右的空間位置成了詞彙的區辨表徵，從一個位置移動到另一個位置的快速動作，被賦予類似「動詞」的功能，而動作的循環次數，手形展開時的使力程度，成了加重語氣的抑揚頓挫。這些不同的視覺空間表達逐漸定型，成為聾啞人的共識，而這許多向度就規律化成為類似語音的單位。接下來，從這些有限的「語音」單位，他們發展出一套形同文法的介面，使得意義的產生變成幾乎是無限的開放空間。很快的，一套以單一詞彙表達為主，且不甚完整、不甚連貫的「洋涇濱」手語系統（Pidgin Sign System），就奇蹟似的湧現在這些聾啞社區的交流活動中了！

洋涇濱手語雖然不是一套完整流利的語言，但這套詞彙、語意、語法都不足的語言，在越來越頻繁的使用壓力下，加上越來越抽象化的意念需求，就使得語法的結構越來越複雜，而語言交流的輸出與輸入，也有了一個完整語言系統的基礎架構了。這種洋涇濱語的複雜化現象，語言學家稱之為「克里奧化」（Creolization），是兩種已存在的不同語言碰撞在同一地區時，說弱勢語者去學習強勢語時，所發生的語言系統的變化。

以往學者所觀察到的都是「已經存在」的兩個語言相互影響的結果，但在尼加拉瓜的聾啞人身上，研究者則親自目擊了一套從來沒有出現過的語言被創造出來的過程，這是誰都沒有想到過的，研究者真是何其幸運！

從理論的分析上，克里奧化的語言已經非常接近一套完整的語言了。但它仍然不是一套真正成熟的語言，必須等待第二代的小孩在學習克里奧化語的過程上，會主動自發的去矯正克里奧化語的語法不一致性，也會自然的去補充克里奧化語在語言各介面的不足之處。

這是個很令人驚奇的能力，因為從小孩的觀點去看，所接受的語言輸入的品質是很不好的，文法既前後不一致又漏洞百出，但小孩子就是有辦法忽略這些不一致與錯誤，而輕輕鬆鬆的學會（應該說是創造出）一套完整的語言。這一個「錯誤進來，卻能正確出去」的能耐，是大人們所望塵莫及的。

問題就在這裡：為什麼那些想出相對論，或畫出蒙娜麗莎的微笑，或把人送上太空，或譜出「第五交響曲」的大人們，學習新語言的能力，會比什麼都還不會的小孩們差那麼多呢？

不管語言交流的形式是用耳用口，像你我的口說語言；或用眼用手，像聾啞生的手勢語言，語言學習的規律都是一樣的，所動用的腦神經也很相似，可以說同一個腦袋創造了萬種語言。在尼加拉瓜的手語研究，為語言習得的關鍵期理論，添補了更直接的證據！

尼加拉瓜的革命，離成功的目標仍然遙遠，但無心插柳柳成蔭的語言研究成果，確實是值得大書特書的意外收穫。我們現在更清楚知道聾啞人的自然手語，和一般人的口說語言是有同等地位的，都是上帝造人、人創語言的極品！

第2篇

實驗見真章

1 知的代價

知識讓我們自以為是，聰明人反被聰明誤。

你一定有這樣的經驗，開車去拜訪一位距離頗遠的朋友，去的時候因為路線不熟，所以感到路途遙遠。按圖索驥，好不容易到了朋友家，大家說說聊聊，言歡意盡，好不痛快，就告辭回家了，按著原路開回去，雖然玩得有點累，但回家的路好像近了很多。這種感覺其實非常強烈，而且相當有普遍性，每次來回一個地方，都產生同樣的觀察。雖然從純物理的條件而言，來回的路是一樣長的，但走過一次後，有了路況的認知，整個心理狀態卻有了巨大的變化，即便去和回是一樣長的時間，個人的感覺還是充滿了回來的路好像近多了。這並不是反映所謂歸心似箭的心情，而是因為由「無知」變成「知」所產生的心理現象。

因為見證了一件事的發生所產生的「知」，有時候不一定全是正面的，很多需要即時做決定的場合裡，常常反而是要付出代價的。經濟學家很早就了解這種現象，稱之為「知識的詛咒」（the curse of knowledge），因為後見之明，常常會引起對事件原始狀態的錯誤判斷。

這種決策謬誤的現象，在很小的小孩身上可以表現得很徹底。例如，讓一個四歲的小孩觀看舞台上放著甲、乙兩個盒子，小明走進來，把糖果藏在甲盒子裡，然後走開了；接著小華走進來，把糖果偷偷的移到乙盒子中，也跑開了。這時候，小明回來了，我們就問這位四歲的小孩，小明會到哪個盒子去找糖果？結果是，大多數四歲以下的小孩都會指向乙盒。但是假如他們沒有看到小華把糖果移到乙盒，則大多數會指向甲盒子。因為知道一個事件的經過與結果，就無法抽離這個知識體，而產生將心比心，認為他人也會共享這些知識的謬誤看法，在人的一生中是很普遍的。

也許你會說上述的現象之所以會發生，是因為四歲小孩不懂事，年紀大一點就不會了。其實，也不盡然。如果我們把事情稍微弄複雜一些，但事件的本質不變，大人也一樣會受到知識的詛咒。例如，邀請大學生去觀賞表演，舞台上同時切割出幾個場景，一邊是小英在拉小提琴，另一邊的房間裡有A、B、C、D四個大小不一、顏色各異的盒子。小英練習完畢後，收起小提琴，走進房間，把小提琴放進四個盒子中的A盒子，然後出去玩了。頑皮的小花走進來，把小提琴從A盒子中拿出來放到C盒子，再把四個盒子放置的地點都改變了，也跑開了。

當小英再回到這個房間，想取出她的小提琴時，我們不問大學生小英可能會翻開哪一個盒子（這樣直截了當的問法太簡單了），而是要觀看的大學生寫下他們認為小英去翻開A盒子的機率、翻開B盒子的機率、翻開C盒子的機率，以及翻開D盒子的機率各有多少。把程序弄得越複雜，就可以看到大學生認為小英翻開C盒的機率竟然也會隨之增加，而翻開A盒的機率則隨之減低。但是如果有些大學生沒有看到小花移動小提琴的動作，則不論程序變得多複雜，認為小英可能會翻開C盒的人幾乎等於零。也就是說，見證了小花移開小提琴那一幕的人，知識變成了負擔，而在較複雜的決策程序中，就會付出錯誤的代價了。

因為對某事件結果的知，造成對該事件的解釋被這個知所誤導，就不容易恢復自己原來的初始狀態，而常常忽略當時的無知，總是以「後見之明」去推論自己根本不存在的「先知灼見」。最明顯的例子是美國紐約九一一災難之後，所產生越來越多「早就告訴過你們了」的事後諸葛亮。他們之所以變「聰明」了，是因為看到了九一一災難的實際情況，這個後知之明，使他們對九一一之前所有的小道消息另有更高明的解釋了。他們忘了，在九一一之前，他們根本對那些蛛絲馬跡毫無敏感度，也不認為真的會有人挾持大型客機，以自殺的方式撞毀世貿大樓。情報人員過濾萬千的小道消息，對一些略含威脅的情報也不以為意。那時候的無知是正常的。但九一一之後，目睹整個慘劇的經過，那些原來不甚突出的訊息，忽然一個又一個被放大了好幾倍，而且由今鑑古，就高估了自己當時的見識了！

後見之明，產生了許多事後諸葛亮，但他們發發牢騷也就罷了。最怕的是，因為自己所見，就會以自己之知去度他人之意，認為別人「必然」和我有一樣的想法。上面所舉的兩個實驗例子，無論小孩大人都患了同樣的毛病，只要我親眼所見，必然是真的，而既然是真的，則不管他人有沒有和我一樣親眼目睹，他也必然和我有一樣的信仰系統。這時候，我們對他人就會有一定的期待，因為既然我們有一致的信仰系統，則我們的理念就一定會相互吻合，若發現他人竟然在想法上有絲毫偏離，則一定是別有用心，非我族類也！這種謬誤的道德判斷才是可怕呢！但社會上的人際關係，卻常常反映了這種知識的傲慢！

知識讓我們得以釐清虛幻與真實，讓我們對世界上的各項事物能夠建立系統化的理解。但知識有時也會讓我們自以為是，有意無意的把事情複雜化，看不到最簡單的解決方案。聰明人反被聰明誤，這就是知的代價，了解這些原委，就可以不要做知識的奴隸。對知識的詛咒，我們是可以避免的！

2 學會了很好，忘了也不賴！

讓電腦去記憶，
讓人腦有創意。

創意是個非常時髦的名詞，尤其在知識經濟掛帥的現代社會，人人都被要求做一個有創意的人。在提升社會競爭力的政治正確下，這樣的要求聽起來非常合理，而且動機純正。所以我們到處聽到這類偉大的名字與訓詞，但是聽來聽去，總是在談某些因為有了創意導致成功的案例。這些眾多的案例，涵蓋的範圍確實是五花八門，各行各業都有，而且點子之新穎、手法之巧思，常令人歎為觀止。但是從創意科學研究的觀點而言，這樣的案例再多，對創意歷程的本質之了解也似乎是無濟於事，因為它們都是在出現了成功的結果之後的闡述，對於創意的原委之探求，總是讓人有隔靴搔癢的遺憾。

看到了成功的事實就說有創意，那失敗當然不能侈談創意，落入了「創意為成功之母，而成功為創意之表現」的循環論證，沒完沒了。說的人可以疊積一堆現象、事實及各種因果理論，但就是說不清楚「何為創意？」以及「為什麼有創意？」這就像我們常說這個人真聰明，為什麼？因為他腦筋轉得很快，很有創意；然後又說，這個人腦筋轉得很快，很有創意，因為他很聰明?!

所以說，創意是看起來很容易理解，但實在是很難界定的概念。研究者一不小心，就掉入永遠在自圓其說的困境。因此，研究者就最好不談什麼是創意，也不要去問創意要在什麼條件之下才能產生。我們應該反過來問：「為什麼會沒有創意？」這個問題的同義詞是：「大部分的人在困境中為何無法出奇制勝？」也許，問題的核心就在「出奇」這兩個字上，也就是說人太容易習以為常，一旦陷入工作的常規，就很難打破慣例，而且工作越做越順手，就更因循苟且，整個認知系統就越鎖越緊了。

有時候，新的曙光就在一念之間的改變，但那「一念之間」就是轉不過去。用這麼一個問題問學生：「小明早上去爬山，清晨八點鐘出發，走走停停，終於在下午五點鐘到達山頂，拿起睡袋在山上睡了一覺，隔天早上起來，沿原路下山，八點鐘出發，也是走走停停，下午五點鐘到達山腳。請問小明在下山的路上會不會經過一個地點，就是昨天上山時同一個時間所經過的那個地點？」在問學生這個問題時，如果把上山與下山的走走停停講越多遍，則解出答案的學生就越少，但如果告訴學生可以圖表的方式去表示山高（Y軸）與時間（X軸），則答案就在眼前。由語文式的思考到圖表的表達方式，就在那一念之間，但大部分的學生就是轉不過來。

另外一個例子也很有趣。有一次我問班上的學生：「這裡有兩個袋子，A袋裝了一百顆紅珠子，B袋裝了一百顆黑珠子。現在，我從A袋中拿出十顆紅珠子放到B袋裡，然後伸手到B袋裡把混合的珠子攪拌、攪拌、再攪拌……，接著，我再從B袋中捉出十顆珠子（其中可能有紅有黑）丟回A袋，然後又伸手到A袋裡，把混色的珠子攪拌、攪拌、再攪拌……。現在我問一個問題：由A袋中取出黑珠子，與由B袋中取出紅珠子的機率是否相等？」

這問題的解法是很簡單的，但很多學生會把注意力集中在「攪拌、攪拌、再攪拌……」的詞彙上。當問題的人把攪拌兩字重複越多次，則答「不相等」（正確答案是「相等」）的學生數就越多。想想看，如果由B袋捉回的十顆全是紅的，則回復到A袋一百顆紅珠子，B袋一百顆黑珠子；如果捉回來全是黑的，則A袋變成九十顆紅、十顆黑，B袋呢？當然是九十顆黑、十顆紅，所以，從A袋取出紅珠子和從B袋取出黑珠子的機率是完全相等的。為什麼聽到多次攪拌就會答錯呢？學生被攪拌的固有意義鎖住，腦裡想的都是攪拌後珠子混到袋子各處的雜亂狀態，就會化簡為繁，解決不了問題了。

因為太熟悉某一個相當平常的概念，就會阻礙了解題的邏輯推論。例如在一片鐵板中間，挖了一個直徑為一吋的圓洞，然後把鐵板加熱，洞會變大還是變小？大部分的學生因為太熟悉熱脹冷縮的原理，都認為洞會變小。但這個答案是錯的，因為如果洞變小，那麼把挖下來的圓型鐵片也同時加熱的話，就無法填入原來的洞，因為它也會因熱脹大。有一次，我想把水管嵌入一片鐵板的小圓洞中，就差那麼一點點，怎麼也塞不進去，去請教鐵工廠的老工人，他把鐵板拿來就加熱，洞就變大了一點，再把水管塞進去，放入冷水中，鐵片的洞又縮小了，水管和鐵片像焊接一樣的緊密。越是想像熱脹冷縮，就越難想像圓洞會變大的事實，老工人教了我一堂有用的生活物理。

所以，要有創意就是不要被很多概念的固有型態綁住。我有一位研究認知心理學的朋友，講了一個很有趣的故事，可以和大家分享。有一位很有能力的公司副總，在一位也很有能力的總經理手下做事，上司把所有事情都打點好了，他真是空有一身功夫，卻無用武之地，很想掛冠求去，另外謀職，但目前的工作薪水不錯，公司距離剛買的家也很近，而且小孩的學區很好，就覺得留下來也不錯。有一天，他看到另外一家公司的求才廣告，正想投遞履歷去應徵，忽然靈機一動，認為他「應該為他那能幹的上司找事才對」！果然，別家公司一聽說他那位才能出眾的老闆有異動的念頭，就立刻想盡辦法挖角。結果呢？他的老闆走了，他則高升為總經理。創意就在那「一念之間」。

如果功能性的固執是一切不能有創意的根源，那有解的可能性嗎？心理學家最近的答案是正面的，而他們提出的方法是「學會如何去忘記！」他們讓學生去記憶一串組織良好的字群，學會之後，再學另一串字群，一共學會了四個字串。一星期之後，再找學生來回憶這些字群，結果發現，由於原有的字串裡的字群組織良好，因此，一星期之後，回憶出來的字群雖然比一星期前少多了，但字串與字串之間的字群很少有跨組的情況。但是，假如在最早的字串學習中，告訴他們可以把這些字群都忘了，以後不會「考」了，則一星期之後的回憶，跨組出現的重新組合就增加了好多。

這個實驗的結果值得深思，原來學會如何遺忘原先的聯結，可以增強往後再重組的可能性。也許在教學的方法上，除了要教學生「學會如何學習」，也要教他們「學會如何遺忘」了。

以前我們都說，學習就是要把所學的東西記下來，現在我們要改變說法了：「讓電腦去記憶，讓人腦有創意！」忘了沒有？

3 夏日裡的一堂課

不是特異功能，卻見魅影重重！

暑假期間，我每個星期二下午仍然照常回到陽明大學的實驗室，和研究生一齊討論他們的實驗。我也常利用這幾個小時，把實驗心理學這百年的歷史，做一些較為廣泛的回顧與較為深入的檢討。有時候，也會在課堂上做個即時的實驗，簡單而有效，實驗結果總讓學生覺得大開眼界，然後我們再仔細討論這些現象的成因，以及因為這些操作所界定的心理現象的含義。我發現這種讓學生親身體驗，並以料想不到的結果去挑戰他們既定的舊概念，對他們的學習非常有效，而且因為驚奇所帶來的情緒，使他們對討論之後所形成的概念印象深刻，即使歷經再長的歲月，都還是念念不忘。

幾個星期前，有位我十幾年前在美國教過的學生吉爾瑞（David Geary），現在已經是密蘇里大學心理系的系主任，剛好到台灣來訪問，順道到陽明大學來看看我們的實驗室。我請他去課堂上和同學們講講話，他一口答應，卻是一臉狡黠，隨著我一齊走進了教室。

他一站上講台，就從口袋裡拿出一枝原子筆，握住拳頭，用大拇指和食指捉住筆桿尾端的四分之一處，讓筆桿像翹翹板似的左上右下、左下右上的移動，又讓握筆的拳頭垂直上下移動。當翹翹板的兩端移動和手掌的上下移動形成各自獨立卻又統合在一起的動作時，那枝又硬又直的筆忽然看起來就彎掉了，一下子成）形，一下又成（形。全班同學看到後都笑開了。因為他們已經是人手一枝筆，也在表演同樣的動作，而且比較哪一個「功力」最佳，把筆的弧度彎得最大。

吉爾瑞教授看到全班有志一同的動作，也大笑了起來，說：「你們老師就憑這個把戲（trick），把我騙進了心理學，當時我主修物理學，認為宇宙萬象都可化約成物理現象，可是Ovid就有辦法以一個又一個物理學無法說明的現象，來證實心理的歷程必須有『心理』的機制來加以說明。不信嗎?來來來，我也來表演一個給你們瞧瞧！」

他忽然收起笑容，一臉正經，點了一位學生出列，要同學站好，一副魔術師的樣子，然後要大夥兒不要笑，因為他將展示一個"phantom eye"（魅影的眼睛）。同學們果然都安靜下來，只見這位美國教授趨前幾步，站在出列的同學面前，說：「現在你把眼睛閉起來，我要用手指頭在你的額頭寫幾個英文字母，你要一個一個記下來。」講完後，他舉起手指頭就在這位同學的額頭上，寫了"k, f, n, b, y, h, d, x"，然後要求這位同學在紙上依序寫下來，這位同學想了一下，就寫出了"k, f, n, d, y, h, b, x"；接著，他走到這位同學的背後，在他的後腦勺又寫下了"h, y, d, k, x, f, b, n"，不一會兒，這位同學也把這八個字母依序寫下來。這次一個也沒寫錯，但是對前額寫的字卻錯了兩個，把b寫成d，而把d寫成了b。

吉爾瑞教授並沒有點破這兩個錯誤，他又找了另一個學生，再做一次同樣的實驗，只是把字母的前後次序調動一番。這樣的實驗重複了十次，結果真的很有趣。對於在頭部後方寫的字，學生都正確的認出來，也正確的寫下來，但對於在前額寫的字，就常常出錯，而錯的地方就是把b寫成d，把d寫成b。

吉爾瑞教授挑起眉毛，看了我一眼，說：「你記得這個實驗嗎？十幾年前你在我額前、後腦勺比劃了半天，我也是前者錯，後者正確無誤。對這結果，我至今耿耿於懷，沒錯，b和d是鏡影相對的字母，但為什麼前額會造成混淆，而頭部正後方就沒有鏡影錯失的現象?!這彷彿我們的背後有雙眼睛，向前看，看到腦瓜子的字，是正面視之；而看到前額的字，卻是由反面寫的。真是奇怪得很！你那時就說，是有一雙眼睛，沒長在頭上，卻長在頭後面，而且是正後方，不停的觀照我們。你說得好有詩意，更像是東方的神秘學說，讓我從此迷上了心理學！」

學生們此時正兩人一組的前額、後腦的寫來寫去，也為這個結果感到萬分不解。我指出來，關鍵是個人在感知那些字母的書寫時是由左至右還是由右至左，前者不會錯，而後者要經過轉換的過程，所以就容易產生鏡影的錯誤認知了。我乘機機會教育一番：「科學的解釋，不可以建立在虛幻的魅影上，就是再詩情畫意也不可以，為這個前額認字的鏡影錯誤，去設計一對魅影眼睛的說法固然迷人，但用由右至左、違反寫字習慣的論點來說明，就可以把吉爾瑞教授的魅影眼睛給弄瞎了！」

吉爾瑞教授興致高昂，雖然「魅影眼睛」被射下來了，卻一點也不以為意。他又找了一位同學出列，隨手拿起一本書，翻開其中一頁，請這位同學看一看，然後把書本倒過來，要這位同學再看一看，比較哪一面看起來舒服而讀起來容易？這位同學仔細比對一番，說：「當然是正面容易讀，倒過來的字母很不容易認，而且由右往左看，很困難！」吉爾瑞回了一聲：「是嗎？你確定？」這位同學正面、反面再看一次，就篤定的答：「確定！」

吉爾瑞煞有介事的繞著同學走一圈，然後要這位同學把兩腳打開，彎下腰身，讓頭朝下，由兩腳岔開的地方往後看，這時候，吉爾瑞翻開書的同一頁，讓他再讀讀看，又把書一百八十度顛倒過來，再問他哪一面比較難讀，正的還是反的？這位同學猶疑了一下，說：「好像都一樣容易耶！而且我不知道哪面是正的，哪面是反的，反正都不難讀！」

我轉頭看看學生，大夥兒鴉雀無聲，顯然對這個意外的結論感到懷疑。突然有兩位同學主動出列，一位張開雙腳、彎腰、頭朝下，另一位拿著正向、反向的書讓他從胯下閱讀，不一會兒，彎腰、頭朝下的同學納悶的說：「奇怪，怎麼會一樣容易呢？」全部的同學竟鼓起掌來。

吉爾瑞得意的眼神橫掃過整個教室，最後停留在我身上，說：「為什麼在那麼困難的身體扭曲中，本來在反面困難的視知覺情境之下的閱讀卻變得容易了？到現在為止，我還沒搞懂是怎麼一回事。十幾年前上你的認知心理學課時，我就是那位出列表演彎腰、張腳、頭朝下的學生，想不到我就那麼一頭栽下去！一心一意研究起認知與腦之間的對應關係，數十年如一日，對這個用物理學的觀點絕對無法解釋的現象，研究了半輩子，還是沒有滿意的答案。你當年的解釋是，因為彎腰又頭朝下，腦神經已經預期有不尋常的視覺世界要出現了，『知識』引發腦的適應，所以就見怪不怪了！說真的，這個解釋雖然不那麼令人滿意，也充斥著極端的唯心論述，但我仍然必須承認，它確實是解釋這個現象的最佳認知理論。」

我笑著說：「喏，我把你騙進心理學，又讓你迷上了，再讓你一頭栽下去，靠的可不僅僅是這些小把戲！」他突然彎下腰，頭朝下，促狹的看了我一眼：「不過這些小實驗，還真是讓我終身難忘呢！」

那個星期二下午，天氣很熱，走出冷氣教室，外面的空氣都是悶濕的，教室裡，同學們有的彎腰、頭朝下、雙腳打開，正在重複那個正向讀、反向讀的實驗；有的互相在前額、後腦寫字母，重複「魅影眼睛」的實驗；有的搖著筆桿擺頭晃腦。我望著這些年輕的學子，忽然感到好清爽，也好有希望，那夏日炎炎的一堂課，雖然不是展示什麼特異功能，卻也讓學生體會到行為的重重魅影！

4 哈欠連連好過年

河東獅吼，模樣驚人，聲音更嚇人，但有時只不過是獅子打個哈欠罷了。

哈唏！

哈唏！哈唏！哈……唏！

哈唏！哈唏！哈唏！哈……唏！哈……唏！

我一眼望過去，全班五十多位學生個個無精打采的正在默念每人桌前的一篇文章。有人開始感到無聊，就打起哈欠來了，有趣的是坐在左邊的學生好像比坐在右邊的學生更會打哈欠，而且一個傳一個，大都集中在一邊。學期末了，又快過年了，學生們的心思都已經放寒假了，我這位「教忠職守」的教授卻仍然不放過他們，堅持上課到最後一分鐘。

我可以看出他們心中的不滿，一臉沮喪的盯著文章看，因為我告訴他們，二十分鐘後要考個閱讀理解的小考，而且成績要加權。其實我已經先做了安排，階梯教室裡的學生分成左右兩邊，坐在右邊的學生讀的是一篇談打嗝的文章，而坐在左邊的學生讀的是一篇談打哈欠的文章，兩篇的文句都相同，只有「打哈欠」和「打嗝」兩個詞彙互換而已。

我和我的助教站在講台的兩端，我負責數右邊的同學中（讀打嗝的文章）打哈欠的人數，大概有六位；助教則負責數左邊同學（讀打哈欠的文章）的打哈欠人數，結果是十四位。如果我們把看起來要打哈欠的人也算進去，則我這邊增加到八位，但助教那一邊卻一下子就跳到三十二位。所以我就趕快把學生喚醒過來，告訴他們這兩篇文章的不同之處，以及這些打哈欠的數字，要他們下個結論。結果還不錯，大家都醒過來了，還搶著說：「打哈欠是會感染的！甚至連透過閱讀一篇文章所引起打哈欠的想像，都會引起讀者打哈欠的慾望與行動哩！」

經過我這一說明，學生們真的醒過來而且表現濃濃的求知慾了！有人提問題：為什麼會打哈欠？有人接著回答：因為累了或愛睡了，所以打哈欠。但我馬上指出來，根據調查，睡前打哈欠的平均次數，比起剛睡醒之後打哈欠的次數，實際上是少多了；而且睡前伸懶腰的次數，也比剛睡醒之後伸懶腰的次數少多了，所以累、愛睡都不是主要的原因。

那麼，是不是因為血液中或腦裡的氧氣不多，才需要張開大口，打個哈欠，把空氣吸進來，補充氧氣之不足呢？但這個說法也是錯的，因為人們在含二氧化碳多的環境裡（比如說空氣中有三%的二氧化碳），打哈欠的次數並不會比在一般正常的空氣中（二氧化碳的含量只有〇．〇三%）來得多，而且把人放在百分之百的氧氣中時，打哈欠的次數也不見得會減少。

也許打哈欠是因為無聊的緣故，因為在實驗室裡，我們只要讓學生連續看一系列單調沒有太多變化的圖形，則不到十分鐘，打哈欠的行為就會出現了。但是，有時候太過緊張也會打哈欠，正要上台表演的音樂家或演講者，常常會以打哈欠來減低他們的緊張，最好玩的是那些在高空中的飛機上，等待要跳出機門的傘兵們，也常在屏息等著衝出去時，打起哈欠來了。真是的！唉，跳傘怎麼會無聊呢？

我們對打哈欠的行為真是懂得太少了。這是一個人人都會，而且是一旦啟動就無法中途停止的動作。最近的研究更指出，以超音波掃描的技術，可以看到未出生的胎兒在媽媽的肚子裡打哈欠的影像。所以這是個非後天學會的行為，也是個無意識的神經機制的反射動作。

幾乎是所有的動物都會打哈欠，我家的貓睡前睡後，伸懶腰，哈欠連連，一副自我感覺良好的樣子；朋友家的狗也是一樣，都是打哈欠的高手。這些都是家馴的動物，也許已被寵壞了。但蹲伏在草叢裡一動也不動的蛇，在要爬行之前，偶爾會先張開大嘴巴，打完哈欠才有行動；河馬在水中浸久了，從水中出走前，也會先伸個懶腰，打個哈欠再走；獅子的哈欠更是赫赫有名，河東獅吼，人人皆知，看起來驚人，吼叫的聲音聽起來嚇人，但獅子也只不過打個哈欠罷了。你若仔細在鏡子前面看到自己兩手往上伸，瞪開兩個大眼睛，嘴巴張得大大的那一副張牙舞爪的打哈欠樣子，不是也很嚇人嗎？最近看了一些有關猩猩生態的科學影片，影片中，大大小小的猩猩都會打哈欠，而且有的還會用手蓋住嘴巴，以免被別的猩猩誤解為侵略行為前兆的表現！

從這種種的證據看來，打哈欠應該是在演化的過程上，發展得相當早的行為，它的生物特性是很明顯的，見人打哈欠，自己就免不了也哈唏一下的現象，其實就是生態學者丁柏根（Nikolaas Tinbergen）所說的符號刺激（sign stimulus）和動作釋放（action release）的關係，而且整個固定動作的型態（fixed action pattern）的展現也都符合行為生態學說的論述。

越來越多的研究者相信，打哈欠的感染機制和動物模仿行為的神經機制是有關連的。最近認知神經科學家更在功能性磁共振造影（fMRI）的影像上，看到了非常有趣的結果：打哈欠時的腦部活化區和我們表示同情心及同理心（empathy）時的腦活動區域是一致的。也就是說，打哈欠的感染現象，可能代表了一種無意識的心智模仿（mental imitation）的原始狀態。

當然，我們也不能忘了打哈欠的社會意義。到朋友家聊天，看到有人開始打哈欠，就應該是「拜訪完畢」的訊號表徵了；如果仍賴著不走，等到哈欠連連，就真的是太沒有禮貌了。在巴西中部有一個部落，居民常常在晚上聚在一起討論聊天，忽然間長老開始打哈欠，其他的民眾也跟著打起哈欠來了，而且越來越大聲，懶腰一伸就走人，外來的遊客常常莫名其妙的被留在廣場上，沒人理了。結果，自己也只有哈唏一聲，回家睡覺！

讀了我寫的這麼多有關打哈欠的事，你開始累了嗎？想打個哈欠了嗎？反正雞年過去了（你知道雞也會打哈欠嗎？），狗年就要來了，迎接新氣象的來臨，就大大方方的打個哈欠吧！哈……唏！

5 時空行者，我來也！

文化遺產的數位平台，串連空中地理資訊，加上考古天候變遷的資訊，知識越豐富，則歷史的影像就越真實。

大年初二，南部的朋友陪太太北上回娘家，一到台北，就打個電話來，問我在哪裡，午後想到家裡來聚一聚、聊一聊。我其實一早就到實驗室，想利用幾天的年假，把上個月累積的工作清一清：沒做完的實驗要補齊，數據要分析，結果要整理，理論的推論要校對，報告要寫出來……，好多好多的事等著趕工呢！但在細雨綿綿的寒氣中，朋友攜家帶小的來訪，確是帶來了一股熱情的年節氣氛，真也是有朋自南方來，不亦樂乎。

朋友的小孩才國二，戴副眼鏡，對實驗室充滿了好奇，東張西望的，對掛在牆上的研究壁報特別感興趣，讀了又讀，看了再看，忽然指著那一張又一張的腦造影圖，問我：「那是人腦活動的相片嗎？如果讀一個漢字，就要動用到這麼多腦的部位，那讀一篇文章，不是把腦忙死了?!」

朋友夫婦忙不迭笑說，真是孩子話！但他說的實在很有意思，我馬上回答他：「如果現在把你放在我們實驗室，利用功能性磁共振造影的技術，把你這時候的腦神經活動照下來，那一定是紅點斑斑（神經活動越活躍，就以更紅的顏色標示），而且每一瞬間的部位都不同，我們這些做研究的，就是要把這些瞬間變化的神經活化的流竄圖，用最新的電腦技術顯現出來。」

說完，我就帶他到我的電腦旁，讓他再看一看用腦磁圖（MEG）儀器登錄下來的腦活動影像，這部儀器的能耐，是能在一秒鐘內，精細的顯現出整個腦的活動：由眼睛看到字再到理解的過程，每一毫秒的紅點流動變化的圖像一覽無遺。我看他目不轉睛，有興趣極了，就對他說：「了解腦的神經活動，不但要知道在哪裡活動，更要知道在什麼時候、由哪一個部位串連到另一部位的動態變化。時、空都重要，都要能被捕捉顯示出來，腦功能的定位圖（brain mapping）才有意義，我們才能一窺腦神經整體運作的歷程。對腦的科學理解，只看單一部位是不夠的，必須對其系統性的運作有所認知，才會了解其演化的含義！」

小朋友一臉嚴肅，屏息思索了一會，說：「那要多大的電腦才能儲存這麼龐大的數據呀，影像處理不是很費容量嗎？」

我看了他兩眼，覺得這小孩不錯，而且真不賴，電腦的知識豐富，提的問題直搗核心，一言就把研究者最關（擔）心的事情點了出來。說實在的，為了要能同時兼顧腦神經運作的時、空向度，大量的造影數據是必然的，從訊息偵測、分析、比對、定形、儲存等等，每一瞬間都會產出巨大的數據量，而這龐大的數據量只不過是一個小小的認知作業，是人類知識體的冰山一小角而已。想像那稍微複雜一點的作業，就可能產生成倍的數據量，那麼全世界的研究者所做的各類作業所產出的數據量，其總量絕對是天文數字，再聰明的腦袋也絕對無法理解其中的相互關係。這位國二的小朋友能一針見血指出研究者的困境，真是後生可敬！

碰到了一位忘年知音，我覺得很興奮，馬上帶他到另一部電腦前，打開平版電視牆的螢幕，啟動Google Earth，看到了整個地球的畫面，接著啟動了我們數位典藏研究團隊所設計的程式，先把數位化的台灣過去幾十年的空照圖連結上，再把數位化的各地文化典藏（文物、書籍、檔案、文獻、考古等等）串連上。

我問這位小知音：「準備好了嗎？」沒等待他回答，就伸出手指頭在滑鼠上點出亞洲地圖，再點台灣，全台灣圖在眼前開展出來；我再點台北，台北市的街道圖就出現了；我又點出整條捷運路線，看到每個捷運站；然後沿途在每一站連結上數位影像的空照圖，十年前是什麼樣？二十年前是什麼樣？五十年前是什麼樣？小朋友滿臉佩服的望著這部神奇的機器，躍躍欲試。

我告訴他，如果再連上當地、當年的文化風貌，則我們利用這個數位平台，憑一指神功，就可重溫過去歷史的片刻，那裡有人物、有故事、有那時代的想法與精神面貌！我們調整時間、空間與語言文字的座標，就可以把數位文化典藏的平台當作時間機器，想到哪一段歷史去遊蕩，就大喊一聲：「時空行者，我來也！」

小朋友感染了我的興奮，連朋友夫婦倆都湊上前來，他們在平版電視牆上的地圖裡找尋家鄉，小朋友建議不如搭著時間機器去探索他曾曾祖父的小鎮生活。他玩得很開心，但還是不忘追問我：「這部機器需要多大的電腦容量，才能製造出來？」

我望著他說：「研究人腦的運作，需要兼具時、空向度，需要大量的數據來顯現各部位的功能性質；研究人類文化的特質，更需要蒐集大量在特定時、空交錯裡的社會活動，來顯現人如何和周遭的環境互動，如何創新，如何轉變文明的象徵。這部時、空、語言三合一的機器，需要靠好多好多人的努力，去做數據耕耘（data farming）的工作，去做數據探勘（data mining）的工作，還需要有人去仔細分類、詮釋分類後的數據（meta data

），更需要有人用數據群聚（data clustery）的方法，去發現知識（knowledge discovery）。這些都需要大量的電腦容量。但是硬體事小，軟體的建構才重要。把數據的安裝規格做好，將來的時空行者才能遊走通暢，才能身歷其境的去體會每一個時代的文明特質。」

我興奮過度，講得過火了，小朋友一臉茫然，不知道我在說什麼。

我知道他還不會懂，只能告訴他：「有一天你會懂的。在e世代所有的研究，從農耕（數據耕耘）到開礦（數據探勘）到知識的發現，再到對世事的理解，反映的不正是文明進展的歷史嗎?!文化遺產的數位平台，串連空中地理資訊，加上考古天候變遷的資訊，知識越豐富，則歷史的影像就越真實。我相信將來能搭上這部時間機器的人，都會像你我一樣，是一個快樂的時空行者！」

6 蟻行道上有師道，讚！

好的老師，不必有大腦袋，
重要的是要有大大的愛心。

我以前很怕螞蟻，每次看到一堆螞蟻在家裡東闖西竄的爬來爬去時，就渾身發癢，趕快拿水沖、拿藥噴，加上火攻，然後循著螞蟻的來處，將缺口處堵住，清除得乾乾淨淨後，再到浴室全身水洗一番，把每根頭髮都刷得清潔溜溜，最後回到房間檢視幾遍，確定沒有螞蟻的蹤跡，才能安下心來，開始在書桌前工作；有時即使坐下來了，腦海裡閃過螞蟻的影像，也會使我打顫起疙瘩。我對小小螞蟻的過分反應，是朋友們都知道的，他們要捉弄我，只要把螞蟻的圖片擺在我的書桌上，讓我不經意的一瞥，乖乖！我就跑去沖個涼、洗個澡，順便打幾個噴嚏！

為了擺脫朋友們無端的騷擾，我決定對自己進行一系列的「對螞蟻的去敏感」方案

（ant desensitization program）。這是古典制約理論的應用，應該不難。由於我是在行為主義掛帥的實驗室長大的心理學研究者，對如何安排刺激與反應之間的相對關係，以逐漸減低個人對某一惡劣刺激物的敏感度，當然是訓練有素的箇中能手。所以我就為自己設計了一系列讓好心情得以連結螞蟻影像的情境，由迪士尼電影《蟲蟲危機》裡的那一隻大大的、很可愛的螞蟻開始，配合美妙的音樂，好吃的食物，讓自己去培養欣賞螞蟻的形象與行為。

不但如此，我還開始強迫自己去閱讀有關螞蟻的各種研究。當然，我得從看來絕對不像螞蟻的大型昆蟲開始讀起，然後看再小一點的昆蟲，再再小一點的昆蟲；也從會飛的大昆蟲讀起，到地上爬的小蟋蟀，再到小螞蝗，最後終於走進了小螞蟻的生態世界，對其社會組織與行為，有了一定程度的了解，更常常被其「犧牲小我，完成大我」的行為表現所感動。牠們的群體意志絕對凌駕個體的生機之上，看到精采處，不得不掩書長嘆：「蟻道乃仁道也！」

朋友們見我三個月就修練成萬蟻不懼之心，都嘖嘖稱奇；但對我近日言物必蟻的說話方式，也非常不以為然。有一天，我由螞蟻築巢的故事引申到自然界天工開物之景觀，進而說明超智慧的設計乃無稽之談（見《科學人》二〇〇四年四月號〈天工開物，蜂蟻皆我師〉〉。朋友終於忍不住了，笑罵一聲：「有完沒完啊?!把那些小小的連腦都沒有的螞蟻，講得那樣偉大。你倒是告訴我，你的寶貝螞蟻除了機械式的反射反應，以及見樣學樣的模仿外，牠們有高層次的思維嗎？仁者是有心去體諒別的個體，你的螞蟻有同理心、有同情心嗎？什麼『蟻道就是仁道』，真是胡說八道！」

我受了這一頓搶白，當然也無從反駁起。雖不滿意，也只好接受了。可是心裡不服氣，總覺得螞蟻社會組成之複雜，分工之細，要能整體和諧的運作，去應付各式各樣的天災人禍，絕對不是那麼容易的；尤其千萬年來，萬物皆逝，惟蟻獨存，身為演化的常勝軍，其能耐絕不可等閒視之。所以，我努力上網去查科學文獻，看看能不能找到科學的證據，來證實「蟻道就是仁道」。嚇！皇天不負苦心人，我終於看到了今年一月份在《自然》雜誌上的一篇實驗研究報告，說的居然是 *Temnothorax albipennis* (*T.a.*) 這一種螞蟻在覓食路徑上的「師生互動」之情。

兩位英國的生物學家，在實驗室裡安排了各種精確的測量方式，記錄螞蟻走動的方位和速度，全程實驗也有錄影存證。他們仔細觀察 *T.a.* 螞蟻成列前行的過程。兩隻螞蟻成一對，一隻已經找到食物的所在，姑且稱之為「老手蟻」；另外一隻剛剛下場，對食物之所在絲毫不知，稱之為「新手蟻」。當只有老手蟻自己出場時，牠會跑得很快，一下子就往食物的方向前進；新手蟻下場則不然，東南西北亂闖，毫無章法。但老手蟻和新手蟻一同下場，則情勢完全改觀。老手蟻不會自私的跑到有食物的地方自行享用；相反的，牠放慢腳步，回身牽引新手蟻慢慢行進。如果牠走太快了，看見新手蟻沒跟上來，就會緩下來，把牠和新手蟻之間的距離縮小。等到新手蟻到達，會用頭上的「天線」去碰觸老手蟻的腿及肚子，催促著老手蟻往前快行。老手蟻走的方位總是對準食物的方向，但新手蟻則常常轉上轉下，好像是在陌生的環境中尋找地標。

老手蟻完全是無私的領航，因為測量老手蟻自己在場的速度，比之有了「學生」要教導時的速度，剛好快了四倍；所以牠絕對是「感受」到初學者的笨拙，而校正了自己的速度。這種雙向互動的關係，實在像是「體諒」的最原始雛形，令人感動！

如果比較沒有「老師」引導的新手，由進場到找到食物的平均時間，和有「老師」引導之下，找到食物的平均時間，則前者顯然慢多了。也就是說，老手蟻的教與新手蟻的學，都有很好的效益！更有趣的，是新手蟻得到食物之後回巢的路徑，和老手蟻走回去的路不一定重疊。常常新手蟻找到返回的途徑，比老手蟻的路徑更正確、更有效。看起來好像新手蟻沿途所定的地標，和老手蟻的地標不盡相同。仔細回想，我們在觀察到有效的教與學之外，更看到了螞蟻的創新。有了這個能力，難怪在生物演化中，螞蟻所展現的生命力是相當令人刮目相看的！

兩位研究者在報告的結尾，加了一段令人省思的評語，「螞蟻的教、學效力，告訴我們，腦體積的大小，絕對不是成功傳承的必要條件。」我把這篇文章列印出來，把重要的句子都標示出來，要趕快拿去給我那位腦筋轉得比較慢的朋友一些指引，我自己也要有耐心的教導他。我知道在我的循循善誘之下，他終究會了解蟻、蟻之間相濡以沫的師生之情；我還要告訴他，好的老師，不必腦神經很大條，重要的是要有大大的愛心！

7 由賞心悅目到目悅興至的假說

原來「眼睛吃冰淇淋」的形容詞不只是文學上的修辭技巧，而是確有神經生理基礎的說法！

六月中旬，我們實驗室所有的研究員（年輕的和資深的）一齊到了義大利的佛羅倫斯，因為每年一度的人類腦圖（Human Brain Mapping）學術研討會就在那達文西的故鄉舉行，實驗室的每一位同仁各個都有研究報告要以壁報論文的方式，呈現在三千多位來自世界各地的腦科學家的眼前。另外，大會也邀請了一些重量級的研究者做主題講演，實驗室的同仁們也就依各自的領域仔細聆聽這些大師講演。

白天，在趕場做報告、參閱別人的論文壁報，以及聽講做筆記的心智活動中，和長途旅行所造成的時差及生理勞累對抗；到了夜晚，吃過了道地的義大利麵後，大伙兒聚在一起，聊聊一天的所見所聞，對所學到的新知識，尤其是在理論上有所突破的實驗方式與結果，感到興奮異常。大伙兒聊得起勁，充分感到新知的喜悅，身體的勞累卻忘得一乾二淨了！我回到房間，躺下來，在入睡之前，忽然浮現一個問題：為什麼新的知識會讓我們感到無比的爽心豁目呢？

會議一共開了五天，大伙兒根據議程早起晚歸，在會場四處尋找新知，和其他研究者討論，我這個當老師的看在眼裡，心裡又是欣慰又是憐惜，一方面希望他們不要累倒了，一方面又忍不住催促他們，既然到了文藝復興的發源地，怎能錯過各個博物館所收藏的精品畫作與雕像。

六月正逢佛羅倫斯觀光季節，而且碰上了熱潮襲人，在烈日下排隊等待入館，真是夠累的，好不容易才進入館內，已是汗流浹背，而且也給地中海旁的炎炎日頭曬得昏頭昏腦的。但在燈光微暗的館內，滿室滿牆的畫作由各方而來，吸引住我的眼光，那些不同顏色所襯托出來的人物、服飾、物件、動作等等，細膩、生動又和諧，美麗又栩栩如生，在在讓我感受到美的展示。而我也不由自主的想去解釋每一幅畫作的含義。它們像是在對我傾吐它們的歷史，告訴我信仰的真諦，引發我去感受它們所代表的生活中的悽苦與喜樂。

我站在畫室中央，被眾多的名畫包圍，眼前盡是美的表徵，而內心則充滿了愉悅的舒暢之感。我就在那裡想到了第二個問題：為什麼悅目會帶來這深厚的賞心之情呢？

會議結束了，大伙兒把行旅打點好，束裝準備到義大利東北邊的古城的港（Trieste）訪問。在那裡我們要參觀認知與神經科學研究領域中最有名的嬰兒實驗室，同時也會將我們實驗室最近的研究成果，做一系列的報告，希望能和這些歐洲最有名氣的神經科學家交換意見，彼此切磋一番。

我們由佛羅倫斯搭火車先北上，經過水都威尼斯，然後東行，繞過亞得里亞海到的港。一路上穿山越嶺，橫過草原，坐在火車上，看出去景色宜人，尤其出山洞後，袤廣草地映入眼簾，遠處的農舍紅瓦黃牆，在青灰色高山的映襯下，煞是美麗。火車接近的港時，到了海岸邊，一望無際的海洋，點點船隻漂遊其上，從車窗望出去滿心清爽。只是這風光明媚的美景又引發了我第三個問題：為什麼眼前的景象，會讓我的眼睛感到柔情萬千，心裡頭也有無比的歡欣？

這三個問題都和資訊的吸收有關。第一個問題中的資訊，指的是透過閱讀與聽講所得到的新知識，它們的產生是比對新舊知識的結果，因此它們的疊積，對個人而言是學問越來越豐富，知識的種類也越來越廣博，而品質也越來越有文以載道的深度與彈性；對人類的社會而言呢？經過歷史考驗後所留下的知識，不是一次又一次促動了文明的進展嗎？知識的進化，似乎是有天擇的機制的。

第二個問題中的資訊則是心靈感受面向轉換歷程，從視神經的通道上，把感官的訊息由線條、顏色逐漸組合成有意義的圖像，再經由個人成長的經歷與過去學習的經驗中，去觸動記憶裡的各種連結，包括概念、情緒，以及認知的推論與隱含性記憶，所以「一張圖像可抵千言萬語」，說的就是一目了然的感受；而且畫風一改，文明又有了新的含義。其實，從演化的觀點而言，藝術創作所產生的創意，也代表著人類得以維持永續發展的問題解決的能力。

第三個問題裡的資訊也是直接經由眼睛的感官之傳遞而來，它指的是人類特別偏好的景觀是有一定的特徵。譬如說喜歡上高處以縱覽四周景物，這是制高點的選擇，帶有很強的防衛機制；又如空曠的海景迷人，也是有一夫當關、萬船勿進的含義。最近有視覺科學家研究人類對各種圖像的喜愛，他們發現人們是很喜歡資訊豐富而且讓人感到安全的圖像與景觀的。

現在到了我們要來解答最重要的問題了：為什麼吸收新知，看美麗的畫作，以及開闊的景觀，都會讓我們感到賞心悅目呢？答案其實不難找到，只要你願意走進大腦裡，然後沿著視神經通路的兩旁檢視過去，就會發現由最初階的視神經（所謂V1、V2、V3、V4

）區到高階的視神經區，摻雜著許多類鴉片受體（opioid receptor），其密度是越來越高。這些受體被刺激，就會產生腦內啡，不但能抑制痛苦，且能提高興致，產生快樂的感覺。所以上述的三種資訊，若能由低階視神經上達高階視神經，並觸動連結區的學習與分析活動，就會刺激更多的類鴉片受體，增加腦內啡的分泌，使目悅導致興高采烈，也就不足為奇了。視神經通道上兩旁受體密度越來越高的證據，是由我的一位科學界朋友所發現的，因此，這個想法我們稱之為畢德曼（Biederman）假說。

當然，上述的說法有一個附帶的推論：有些人為了感受更多的愉悅，就更要去創新知識，創作藝術，以及欣賞更多的美景，有如上癮成性，形成更強的動機。人類的文明不就是這樣往前推進的嗎?!

8 數字與空間的對話

即使意義精純如數字的概念，當透過人類認知體系的洗禮後，也會因歷史經驗的條件不一而產生變化。

「概念」是個非常複雜的意義表徵，有時候一些界定得很清楚的概念，經過人的感知之後，就產生了許多想像不到的變化。數目字用阿拉伯數字寫出來如1、2、3、4、5、6、7、8、9，和用中文數字寫出來如一、二、三、四、五、六、七、八、九，所表達的數量概念應該是一樣的，這本來是毋庸置疑的，但對一位懂得這兩種符號的台灣人而言，他們對這兩種符號的「數感」（number sense）卻是有所差別的！怎麼說呢？讓我們來看一些很好玩的實驗數據。

首先，為了保證中文數字確實是代表數量的大小，我們讓大學生看著電腦，螢幕上快速出現兩個左右排列的數字，例如（三、八）或（七、四），然後要學生按鍵盤上的

→鍵（表示右邊）或←鍵（表示左邊），來指出哪一邊的數字代表較大的數量。我們把反應的正確率和時間記錄下來，結果當然是正確率幾乎百分之百，但反應時間的快慢，則受到了兩個數字量差間距的大小而有所變化，即量差間距小如（二、三）（五、七）（六、八）等，反應時間就長；量差間距大如（一、六）（二、九）（三、八）等，則反應時間很快。也就是說兩個數字所代表的量越相似，比起來就較不容易，時間就拉長了。這個間距效應（distance effect）不但產生在阿拉伯數字的比較，也反映在中文數字的比較上，證實兩種符號都確實與數量有關。

其次，我們再讓這些大學生做同樣的實驗，但每一次在兩個數字出現之前，我們先問一句話：「下面出現的兩個數字，哪一個比較大？」或者「下面出現的兩個數字，哪一個比較小？」很有趣的，這兩個「比較大」和「比較小」的問題，會引起反應時間因出現的數字之大小而有所變化。例如，在「比較大」的問句之後，如果出現（8、6）或（7、9），則學生們選擇大的數字的時間比出現（2、4）或（3、1）時要快很多；相反的，在「比較小」的問句之後，從（8、6）或（7、9）選擇小的數字的時間，就比從（2、4）或（3、1）中選擇小數的時間要慢得多了。

同樣的，這樣的行為現象在阿拉伯數字和中文數字的實驗中都會出現，再次證實這兩種符號確實是反映了數量意義的概念！

既然阿拉伯數字和中文數字反映的都是數量的抽象意義，那就不應該會產生不同感知的問題，但事實上並非如此。前幾年，認知心理學研究者發現，我們一般人對數量大小的感知和空間的排列有相對應的關係，例如我們在電腦螢幕上打出一個阿拉伯數字，然後要求受試者（大學生）去判斷是奇數或偶數；如果是奇數就快速按右鍵，偶數就按左鍵。當然，實驗進行至一半時，就改成奇數按左鍵，偶數按右鍵，以求取實驗設計上的平衡。結果發現數量大的數字在右邊按鍵的速度，比在左邊按鍵的速度快；相反的，數量小的數字在左邊按鍵的速度，也比在右邊按鍵的速度快。這結果顯示，我們對數字的感知和它們平常在空間的排列是有相對應的關係！

如果數的概念是很純的數量表徵，那為什麼會和空間的排列有關呢？想想我們從小學習數學，所遇到的阿拉伯數字都是從1至9排列，數字小的在左邊，數字大的在右邊，是不是因此我們無意中就形成了小的數字在左邊、大的數字在右邊的數字感知型態呢？如果是這樣，那我們對中文數字的感知如何對應到空間呢？因為中文數字平常不是橫寫的，而是隨著中文由上而下的排列方式，我們會不會就失去了如阿拉伯數字一樣「小左」「大右」的空間對應關係呢？

中央大學認知神經科學所的研究者，針對中文數字的排列也做了類似的實驗。他們果然發現中文數字在奇數、偶數的判定實驗中，並沒有出現「小左」「大右」的對應關係。進一步的，他們把左、右按鍵改成上、下按鍵，即在一半的判定作業中，奇數按往上的鍵↑，偶數按往下的鍵↓；另一半則奇數按↓鍵，偶數按↑鍵，以求達到實驗設計的平衡；再把兩者合起來平均計算。結果發現受試者在中文數字的奇、偶數判定作業中，出現了「小上」「大下」的對應關係。如果讓同樣的受試者改為判定阿拉伯數字，則結果又出現了「小左」「大右」的現象了。

也就是說，當我們在台灣問學生，對1、2、3、4、5、6、7、8、9的阿拉伯數字和對一、二、三、四、五、六、七、八、九的中文數字，在量的感知是一樣的，但對兩者的空間感知，則因為橫排或直排的書寫習慣，而產生了「小左／大右」（阿拉伯數字）或「小上／大下」（中文數字）這兩種不同的空間對應關係！

那如果用壹、貳、參、肆、伍、陸、柒、捌、玖來做為實驗的材料呢？它是數字，也代表數量，但平常很少被上下成串排在一列。所以到底它們在奇、偶數的實驗作業中會出現「小左／大右」或「小上／大下」哪一種空間對應關係？

中央大學的研究小組也以這些較複雜的中文數字做了類似的實驗，結果呢？「小上

／大下」的對應關係不見了，而「小左／大右」的對應關係則又出現了！也就是說，我們對壹、貳、參……玖的感知是依附在阿拉伯數字的感知上，和我們對一、二、三……九的感知是不同的。

如果我們去破壞一、二、三……九的上下字串的排列呢？例如把一、二、三、四、五、六、七、八、九，改成一月、二月、三月、四月、五月、六月、七月、八月、九月，然後仍然要求受試者去判定其中數字的奇、偶數，有時候用上、下鍵做反應，有時候用左、右鍵做反應，結果又會是怎麼樣呢？

中央大學的研究者也做了這個相當聰明的實驗，而結果也再次顯示了「小左／大右」的對應關係。換句話說，一月、二月、三月中的數字保留了數的意義表徵，卻減低了中文書寫習慣中一、二、三……九等由上而下的空間對應關係，這時候，一月、二月、三月……九月中的量的概念似乎又寄生在阿拉伯數字1、2、3……9等的數值上了。

概念的形成其實很不簡單，即使意義精純如數字的概念，當透過人類認知體系的洗禮後，也會因歷史經驗的條件不一而產生變化。所以，當一位哲學家信誓旦旦的宣稱某一概念已經清清楚楚被界定時，總會有另外的哲學家提出不同看法，辯論的結果也常常會以模糊的定義收場，怪不得模糊邏輯（fuzzy logic）會成為近年來認知科學家描繪人類概念形成的重要理論了。

其實，在一個重視每個人意見的民主社會裡，要尋求「共識」，真的很不容易！

9 前事不忘，後事之師

人類的認知系統能夠把幾百張類似的影像，準確排列出時間次序，我們到底怎麼完成這樣的工作？

我的朋友老王喜歡旅遊，平日省吃節用，存夠了錢，一有假期，就往國外跑，他說有生之年，要遊遍五湖四海，要看遍世界七大奇蹟，當然包括古代的和現代的。要上山，也要下海，乘船、搭飛機，當然還要坐火車，尤其要去經歷把火車開到大渡船上，再由另一岸接駁到另一國度的鐵軌道上的奇景；在渡船上時，還可以下火車，走到船尾，去看落日映在遠處海平面上的萬丈霞光。遊歷到非洲時，他搶上了擠了滿滿是人的破舊巴士，沒有冷氣，更不要談汗酸味充斥，還有雞、狗、羊同「籠」的精采畫面。最令我稱奇的，是他居然也在阿爾卑斯山上的小村落裡騎起腳踏車來了，路的兩旁還是白花花的雪哩！

我說得歷歷如繪，可是有憑有據的，因為老王也喜歡照相，而且技術不差。他又說要拍遍歐洲大大小小的天主教堂，也要把長長短短、造型美輪美奐的橋梁盡收在鏡頭裡。他更是個賞鳥迷，各地的奇禽異鳥，都吸引他拍攝，有時候，還參加賞鳥團隊，跟著候鳥一站又一站遷徙，去觀察牠們的生態變化。當然，這一切都有照片存證！

每一次他旅遊回來，我們幾位老朋友就會各自帶幾樣小菜到他家聚餐，大伙兒喝酒聊天，聽他天南地北暢言旅遊誌異，我就在一旁的電腦螢幕上慢慢欣賞他鏡頭下的風土、人情、山林流水，以及各式各樣的房舍村景。城市裡的高樓固然壯觀，山路邊的小黃花更是美麗。老王，老王，我真是服了你啦！

眼見老王手舞足蹈，我忍不住跟他開個小玩笑，把螢幕上照片的次序動了少許手腳，使它們在時間的向度上發生變化；也就是說，本來按照拍攝日期排列得井然有序的一組圖片，被我打散了。我回過頭去把那位正吹得口沫橫飛的老王叫了過來。他臉紅紅的，冒著斗大的汗珠，隨手指著螢幕上的照片，得意的大聲說：「不壞吧！我的技術越來越棒了！你看這張農人市場的蔬菜水果很新鮮可口吧！那張教堂高聳入雲，令人油生敬畏之氣勢，是不是？這一張更是……，咦？奇怪，電腦怎麼了，這些照片好像哪裡不對勁耶！咦？啊！前後次序不對，時間都弄亂了！」我嚇一跳，他怎麼一眼就看出來了。

難道人對事件發生的時間記憶有那麼好嗎？

我看他聚精會神盯著螢幕上的照片，兩手按電腦上的指示鍵，把圖片移來移去，十幾分鐘後，就恢復原始的次序了。我一方面驚訝他的記憶能耐，一方面更想著應該用什麼方法來測試他是否真的記住了這些圖片的前後次序。我隨便從中抽出兩張相片，問他哪一張先拍、哪一張後拍。他看了一下，指出其中一張先拍，我把答案記了下來；再從中隨機抽兩張，請他挑出先拍的，也把答案記錄下來；一共做了五十對相片的先後比對，他的答對率高達七五％，已達統計上的顯著差異。因為如果他沒有時間次序的判斷能力，則他的成績應該在五〇％的機率上下。

這下子我服氣了，就問老王怎麼能記得這麼清楚？因為很多景色、很多橋梁、很多教堂、很多高樓、很多村舍都很像，有時候，根本分不清是哪個村落、哪個小城、哪條街道、哪條河流，遑論在哪個國家？老王的回答更妙：「我也不知道，完全憑感覺！實在沒把握，兩張一比，就忽然有了感覺，一張好像比另一張更老一些，我也以為是亂猜的，沒想到會猜得這麼準！」

我知道所有的動物對事件發生的頻率和時間都很敏感，所謂生物時間就是代表著我們生命的循環體系，發生在外界環境中的事件，要靠這些循環系統中的片段去加以聯結，變成了那事件在我們生命中的時間碼，我們也會根據這些時間碼去整理出事件發生的前後次序，有時事前事後是決定因果關係的主要因素。我卻沒想到我們的認知系統能夠把幾百張很類似的影像，準確排出時間的序列。我們到底怎麼完成這樣的工作？

我仔細的看了我挑出的那五十對相片，因為是隨機抽取，所以不免有些是屬於同一類別的（例如兩張橋梁照片的比較、兩座教堂相片的比較，或兩間農舍的比較等），有時當然是毫不相干的（如一張是花園，一張是一排車子等）。很有趣的是屬於同一類別的比對，正確率是八五%左右；而屬於不相干的圖片比對，正確率就掉到六五%左右。但即使是六五%，和五〇%的機率比較，也有統計上的顯著差異；也就是說，不管事件相干不相干，我們都會對其時間有所編碼，而對類似的圖片，其前後的次序感，就升高了很多。這給我們一個很好的線索，來了解事件時間編碼的機制。

當我們看到一座教堂，不免就會想到「以前」看過的另一座教堂，所以這兩個時間的前後編碼，是基於「後」者「提醒」了「前」者，而我們在欣賞眼前的景色時，就會不由自主的想起以前看過的景色，時間的定序就由此自動的產生了。我們在讀一本B小說，想起了另一本A小說的故事，日後有人問我哪一本小說是我先讀的？當然是A，因為B讓我想起以前的A呀！

我越想越有道理，想再往前走一步去證實這樣的想法，就到老人院去做了一個實驗，因為文獻上說七十五歲以上的老人對時間的編碼能力很差。我設計了一套治療方式，很簡單的，就是教會他們每看到一個新的事件，就要學會去問這個事件提醒了他們以前的什麼事件呢?實驗結果，大有收益，因為老人的時間記憶，由原來的五〇%機率，一下子增加到六〇%，而相關的事件比對，則增加到七〇%。

這整個研究的歷程，由觀察生活裡的一些特定現象，得以猜測人類認知運作的基本機制，又能夠到老人生活情境中，驗證那個理論所延伸出來的推論。科學理論的演進，就是這樣不斷往上提升。

我帶著實驗結果跟這個科學研究的一些心得，很高興的跑去告訴老王。他不在，又去旅行了!

第3篇

研究問到底

1 手能生巧，更能生橋

伴隨著說話聲音的手勢，到底有何作用？

上個月在德國柏林近郊的一座美麗的花園旅舍中，參加了一個討論老年人記憶的研討會議。會場坐落在森林裡，演講廳四面都是玻璃窗，白天望出去，藍天綠樹，一旁的湖光映著群鳥飛翔而去的優游身影，一些開始變黃變紅的葉子則隨秋節的風逸然飄下，自然如畫，那樣悠然安詳，坐在會場裡，思維也就跟著澄靜了。

會議開始後，窗簾即主動放下，講者背後的大銀幕也緩緩落下。與會者桌前小燈如點點燭光，卻足以照亮講者和聽講人的身影。這次大會只邀請四十位國際知名學者，中央大學認知與神經科學研究所所長洪蘭教授和我是大會中僅有的兩張東方面孔，其餘的則是來自美、英、義、法、瑞典與德國當地的資深研究者。

會議一共五天半，就當前相關的科學新知做一個整合性的論述。每一位主講人依其最新的發現做二十五分鐘的說明，然後大家一起根據所呈現的數據與其含義進行四十五分鐘的反覆討論。這個冗長的過程使講者不能不準備充分，而討論者不但巨細靡遺的檢視各項數據，更能在激烈的辯論中，產生很多尚未有答案的猜想與假設。大家都心裡明白，回去後，又有更多的新實驗工作等著進行了。

直到日薄西山，會議猶在進行。大會人員捲起窗簾，夜色透窗而來，盞盞燈影倒映在玻璃窗上，重疊交錯，煞是好看。我努力聆聽講者的述說，忽然在如鏡的玻璃反映中，看到了宛如千手飛舞的異象。講者邊說邊舞的手勢非常搶眼。隨著說話聲調的高低起伏，他兩隻手的動作，也是一上一下，忽前忽後，形成另一個節奏分明的系統。我更注意到手勢有時出現在語言之前，有時卻發生在某一個語句的停頓之後，從手形的伸張、握拳與移動的方位和速率看來，像是在為前面的話語做總結。這真是個有趣的現象，我不禁要去問，這些伴隨著說話聲音的手勢，到底有何作用呢？

接下來的幾天，除了仔細聽講者的報告內容之外，我很留心的觀察紀錄每一個講者的手勢和他說話內容之間的關係。首先，我注意到來自不同國家的講者，使用手勢的方式確有不同。義大利講者顯得誇張，但令人感到親切易懂（手勢真有輔佐的作用！）；英國講者也是手勢不斷，不過顯得拘謹保守，聽的人就必須注意聆聽語言的部分，手勢的傳遞訊息不高；法國講者手勢很生動，常常手掌張開在臉頰之下，做個俏皮的翻飛姿態，引人入勝，也讓人感到段落分明；德國講者訓練有素，手勢伴隨語言搭配得恰到好處，但整個講演乾乾淨淨，手勢好像不存在，聽者肅然起敬，就是缺少了點「人」味。原來，手勢也是一種反映文化的語言。

為進一步了解手勢的功能，我把會議的錄影帶調借出來，仔細的比對語音、詞彙、語氣，及手勢動作之間的關係，發現手勢真的不簡單。它常常是一段話的引言，講者還在整理思維，語音都還沒出現，手的樣子已經把要講的意思表達清楚了。有時候，講者忘記了一個詞彙，正在搜索枯腸找尋適當的用詞，但口在掙扎的同時，手勢已經幾次把詞的含義都展現了，最絕的是，聽講的人一看到講者的手勢，就已經了然於胸，頻頻點頭，話有沒有說出來反而不是那麼重要了。

手勢增加了講者與聽者之間的互動，也增進了理解的程度，這個作用值得教師們深思。最近芝加哥大學有一群研究者比對教室上課情形，他們比較使用和沒有使用手勢的老師，以及被鼓勵或被禁止使用手勢表達的學生，結果發現使用手勢確實會增進相互的理解力，如果上課可以鼓勵多些手勢的表達，師生之間的溝通就可以更暢通了。

手勢和語詞之間還有一個非常重要的關聯，即它們之間的互動絕非隨意的安排。例如英文講者說到 going up（往上升），手指往上翹的時間是一直等到 up 的聲音出來時才出現，但西班牙講者說到 ascending（往上升）時，手指上翹是一發出 /a/ 音時就出現了，表示腦神經啟動手指的時間受到了音義組合機制的指揮。而當西班牙人講英文時，說到 going up，手指往上姿勢出現在 going 而不在 up，表示英文程度還有待加強。從手指與語詞同不同步的配合度，居然可以看出外語的程度，很巧妙吧?!

我這次去開會，真是大有收穫，除了聽到很多新的研究發現和報告外，輪到我演講時，我也當下做了小小試驗，我把肢體拉開，增加了很多手勢，發現我和聽眾之間的溝通確有大大的增進！說話時，手能生巧，更是一道好的溝通橋梁！

2 記憶哪有情意重要?!

僅留腦下皮質，也能擁有豐富的感情世界。

元宵節的前一晚，到處是春酒賀新年的餐會，我們一群科學人也不能免俗，大伙兒聚在永和最棒的「上海小館」裡，白酒一瓶、紅酒若干，天南地北就聊起來了。周老師一向心直口快，才收拾了一盤粉絲蟹肉，外加兩碗砂鍋魚頭，憑著一點酒意，就開始數落起我來了：「我說志朗兄啊！你可得多加注意點，因為你這位研究記憶的老兄，最近卻特別健忘，交代你的事，過耳就忘，實在不夠意思！」

我不敢回答，因為我真的不記得他曾交代過我，也不記得該辦哪些事。可能是他弄錯了對象，交代的是別人而不是我，因為我們有好一陣子沒見面了，他何從交代起我來了？也許他真的曾經交代過我一些事，但我當時沒太注意就沒聽進去，所以腦海裡毫無記錄，以致一點印象也沒有。更可能的是，我聽到了，也把他交代的事存在腦海裡的某一處，但如今事隔已久，腦裡面堆了太多東西，搜尋越來越困難，以致往事已不堪回憶了。這些解釋都有可能，但哪一個才是真的？我也沒有把握，因為人類的記憶就是那麼脆弱。我信誓旦旦對周老師說：「再說一次，這次一定注意聽，也一定記得牢牢的，而且回去馬上辦，免得時過境遷，把交代的事又忘了，再來挨一頓罵！」

周老師笑笑，說：「算了！算了！忘了就算了。以你這樣健忘，虧你還是個研究記憶的專家呢！」我看他的表情，心裡有數，也感到好笑，他根本就「忘」了他曾經交代我什麼事啦！

人類的記憶真是件奇妙的事！對於往事的回憶，有時真，有時假；一下子記起來，一下子又忘了。我研究記憶多年，深知記憶會有失憶，更常有創憶，埋在腦海深處的一段故事，忽然之間就會冒了出來。喝春酒的這一段小對話，一下子就勾起了我數十年前做記憶研究時，一些以為已經忘了的陳年舊事，在寒冷的冬夜，乘著酒意，如煙的往事，一則一則不請自來，就如同聽到一小段樂音，就想起整首小時候聽過的歌曲一般。那天晚上，尼克（Nick）是最重要的一首。

我第一次見到尼克，當時他人在美國加州南部的聖地牙哥，我在加州大學的河濱分校。為了見他，二百四十公里的路程，我只開了一個半小時就到了，途中吃了一張罰單，雖然懊惱，但即將見到這位心理學界赫赫有名、研究人類記憶的科學家必須知道的一號人物，罰個百來美元又算什麼！

尼克，又稱N.A.（當然是個化名）。他不是個有名的研究者，他其實是研究記憶的科學家夢寐以求的研究對象，因為他有個非常獨特的記憶現象。年輕時候的尼克，是個瀟灑的海軍軍官，喜歡擊劍，還是個相當有名的高手。在一次練習中，他的臉部護罩掉下來，對手的劍尖一下子由他鼻梁下的軟骨，直刺腦內海馬迴（hippocampus）的部位，送醫院開刀急救後，命是救回來了，但傷口復原後，卻開始有了失憶的毛病。

教科書上對他的病症常有很精采的描述，有一則說他很喜歡替別人做事，但別人叫他做的事，他卻常常忘記。有一次，一位同事約翰請他幫忙到地下室的小商店買一杯咖啡加個三明治。尼克很高興的答應了，就往電梯走，一邊走，一邊喃喃自語：「約翰要咖啡加三明治，約翰要咖啡加三明治，約翰要咖啡加三明治……」進了電梯，尼克看到另一位同事，兩人寒暄一番，也打斷了尼克的喃喃自語。電梯停在地下室，門一開，尼克身邊的人蜂擁而出，全進了小商店，只見尼克一個人在電梯裡，又隨著上升的電梯回到原樓層。約翰看到他手上什麼都沒有，就知道尼克又把交代的事忘得一乾二淨。嘆了一口氣，只好自己下去買。尼克呢？他開開心心的坐回座位，若無其事的拿起一本雜誌埋頭閱讀起來了。

原來，自從腦傷復原之後，尼克就失去了把眼前剛經歷的新事件存到腦的永久記憶系統中的能力，也就是說，他很難學會新的事物了。為什麼會有如此特別的失憶現象？失去了這個學習新東西的能力，對他的生活會產生哪些影響？他腦傷的部位，是否就是具有把剛經歷的經驗，由短暫的記憶系統轉成長期記憶的功能呢？這些問題，研究者當然很想找到答案，而尼克的記憶缺失可能就是提供那些答案的重要線索！所以，當我知道我有機會和尼克見面，並有機會以他為對象做一些記憶的研究實驗時，真是開心極了。但教科書上的那個故事讓我印象深刻，我心裡一直惦記著，像他記憶這麼差，我怎樣去研究他的記憶呢？

我趕到聖地牙哥的榮民醫院，在一位博士後學生的安排下（這位學生是我到加州大學後的第一位博士畢業生），在實驗室見到了尼克。尼克還是很英俊。他坐在那裡，非常和善，一臉瀟灑，我見他和別人談笑風生，哪有什麼毛病?!看我進來，尼克有些吃驚，大概沒想到從加大來的教授竟然是個東方人吧。但他很開朗的嗨了一聲，說：「我是尼克，很高興看到你！」我也趕忙自我介紹，以去其疑慮：「嗨，我是加大河濱分校來的

Ovid Tzeng。」他叫我把字母拼出來讓他讀讀看，立刻就說：「Ovid？不就是希臘羅馬時代的那個大詩人嗎？你怎麼會用了這個名字？你讀過他的詩集嗎？那些神話很美、很有趣，是不是？Ovid 說孔雀的身上有一百隻眼睛，你，相信不相信？還有你的姓拼成 Tzeng，很奇怪，如果沒有後面的 g，Tzen，我就會以為你是瑞典人呢！」

我聽他說得頭頭是道，一副很有學問的樣子，他的長期記憶一點都沒壞嗎？條理脈絡清楚得很呢！就回答他說：「我就是讀了 Ovid 的詩集，喜愛得不得了，才決定以他為名。我也相信，阿波羅每天駕馬車在天上由東至西，給我們光明，也給我們時間！」尼克一聽，眨了一下眼，好像我通過了他的檢驗，說：「那我們開始吧！今天要做什麼實驗？」

我指著桌上一堆實驗儀器，正要開口解釋整個實驗的程序以及要他做的事，忽然我那位學生走了進來，說：「Ovid，你的系主任有緊急事找你，你出去接個電話吧！」我不得已停下手邊的儀器操作，請尼克稍候我一會。十五分鐘後，我走進原來的實驗室，尼克仍然一臉瀟灑坐在那裡，我的學生正陪他聊天，看我進來了，打聲招呼就走出去了。我走到儀器旁，正要開始解釋實驗的程序，尼克忽然問我：「你是誰？桌上是什麼東西？你怎會走進我的房間？」

我嚇了一跳，看看尼克，他一臉嚴肅，好像我是個從沒見過的陌生人。我心想，我們不是才剛見過面，而且相談甚歡，怎麼一下子就不認得我了？再看看他的樣子，真不是在開玩笑。只好說：「嗨，尼克！我是加大河濱分校來的 Ovid Tzeng。」他叫我把字母拼出來給他看，很高興的說：「Ovid？那不是那個希臘羅馬時代的大詩人嗎？你怎麼會用這個名字，你喜歡詩嗎？你讀過他的詩集嗎？那些神話很美、很有趣，是不是！Ovid 說孔雀的身上有一百隻眼睛，你相不相信？」我不知道怎麼去回答他的問題，最重要的是，我感到我好像在重複看同一部電影、同一段對白，心中真的有些震撼。

他看我沒回答，以為我聽不懂，就不再和我談詩，談 Ovid。但話鋒一轉，又說：「其實啊，你的姓也很好玩！Tzeng 如果把最後一個字母 g 去掉，剩下 Tzen，我就會以為你是個瑞典人了！」電影又重新倒帶播放一次，而且我身在其中，感到渾身不自在。耳邊只聽見尼克愉快的聲音：「我們開始吧！今天要做什麼實驗？」

我看他笑嘻嘻的，把一心想要解除我緊張的善意都寫在臉上。我忽然覺得，他就算有失憶毛病又有什麼關係呢？他學習新事物的能力就算有缺陷（腦皮質的功能受傷了），但他那沒有受到傷害的下皮質，卻仍能掌控內心豐富的感情世界，他所表現的同理心與同情心，深深地感染了我那瞬間的心靈。我收起儀器，回以一笑，說：「尼克，今天什麼都不要做，我們去海邊走走，我們帶Ovid去，我們一起來讀詩，一起來享受Ovid給我們創造的愛的藝術！*」

*編按：美國二十世紀傑出詩人韓福瑞斯（Rolfe Humphries, 1894-1969），曾將Ovid著名的詩集譯為英文，書名為*Ovid: The Art of Love*。

3 唱你的歌，就是要贏你！

拷貝、仿製、搶白、堵你的口，
真是鳥、人一體，惡根同源。

春天真的到了！我知道，因為我已經親身體驗春意的侵襲了。上個月到美東開會，飛機一到紐約上空，才開始下降，我已經是噴嚏連連，把隔壁的乘客嚇得半死，而且眼睛奇癢，淚水盈眶，標準的花粉熱徵象一一呈現。慘了，我的過敏症就這麼被引爆了。飛機才靠空橋停住，我迫不及待打開行旅包，找出「救命」的 Allegra，水都不必喝，就一口吞了下去。擤擤鼻涕，走出機場，往外一瞧，路邊那一排排樹，紅的、黃的、白的，居然還有紫色的花，正燦爛的向我迎風招手，我一下子就吸進太多的花粉，這兩天不會好過了，因為春天真的到了。

下榻的飯店在中央公園的一角，進了住房，打開窗戶，就聽到金嗓小麻雀的歌聲由公園四方一擁而入。我一邊安頓行裝，一邊仔細聆聽這眾鳥聲喧嘩的公園交響樂曲。初始，我以為我聽到了：「這山坡如此生氣盎然，充滿了音樂的旋律……」（The hills are alive with the sound of music...）這不是電影《真善美》的序曲嗎？緊接著，我好像又聽到悲壯的《出埃及記》之〈疆土保衛之歌〉（Territory fighting），吱吱喳喳的高喊：「這土地是我的疆域，神把這塊土地恩賜給我了。」（This land is mine, god gave this land to me.）然後，唧唧噥噥的喃喃戀曲也出現了，就唱出了：「今夜，今夜，所有的一切都將自今夜起始。」（Tonight, tonight, it all began tonight.）

忽然之間，我還聽到了爭吵拚鬥的大聲對唱，有男有女的兩部合音，一來一往，互不相讓，是梁山伯為祝英台在斥責馬文才的強詞奪理嗎？還是羅密歐為了茱麗葉被情敵所傷，正在數落對方的不是呢？你聽那歌聲說：「告訴茱麗葉我愛她，告訴茱麗葉我需要她，告訴茱麗葉不要哭泣，我對她的愛至死不渝。」（Tell Juliet I love her, tell Juliet I need her, tell Juliet not to cry, my love for her will never die.）

最後，爭吵過去了，一切趨於平靜，樹林的那一端唱起「快快睡，小寶貝」的搖籃曲。夜深了，忙了一天的張家鳥、李家鶯、小雲雀、白冠雀、十姐妹，還有畫眉鳥，都該睡了，要養精蓄銳，等明兒天一亮，就得幹活兒，還要再唱一整天呢！

電話鈴聲驟然響起，驚醒我的初春白日夢，我抬頭望著那一片茂密的樹叢，耳邊仍然聽到遠處此起彼落的鳥叫聲，我忽然不想出去吃飯了，對著話筒，請另一端的朋友幫我帶個三明治回來，愉快的說，因為我有更要緊的事趕著做。掛上電話就迫不及待坐下來，打開筆記型電腦，接上網路，我很想知道近年來生物學界對這些鳥聲鳥語的研究有何新的進展，對這些歌聲的功能可有新的見解。果然一搜尋就找到好多好多相關文獻，僅僅是去年的《動物行為》（*Animal Behaviour*）期刊上就出現了十幾篇有關歌聲的型態、類別、數量、唱法、功能等等的研究論文。其中好幾個實驗的設計，針對演化理論裡眾多假設的辯證，真是精采絕倫。

這一切成就當然要歸功於錄音技術的進步，以及電腦計算能力的提升。以前我們要錄一隻鳥的歌唱，一定得事必躬親，自己操作機器，還要隨時緊迫盯鳥，一點都不能放鬆。現在呢？只要把非常高功能的錄音機放在選好的位置，就可以把周遭的各類鳥叫聲全部入機，再以電腦的高級區分計算程式去分辨出每一隻鳥的歌聲，誰在唱？在什麼地方唱（勢力範圍內或外）？什麼時候唱？唱給誰聽（是陌生鳥還是鄰居）？唱些什麼？都可以在多向度的分析方法下一一釐清。工具的進步，真是把研究的功力提升了好幾倍！

第一個讓我發笑的研究結果，是同一個族群的鳥聲竟然會因為城鄉差距而有音量上的不同。住在嘈雜環境的城市鳥唱起歌來，平均音量比住在樹林裡的鄉巴鳥，要高出幾個分貝。這使我想起在嘈雜的中國飯堂裡講起話來，是扯著喉嚨大聲喊，而在安靜的法國餐廳卻是說話輕聲細語。人也罷，鳥也罷，對周遭環境的適應，竟有異曲同工之妙！但是，會唱越多不同的鳥歌，越會是個贏家，這倒沒有城鄉差距！

第二個讓我感到興趣的發現，是鳥鳥對唱的時間點和表現方式。當兩隻公鳥為了爭奪一塊疆土起爭執時，對唱的音量升高是可以預期的。吵架不大聲一點，怎能把對方壓下去?!有趣的是其中一隻鳥會「故意」（對不起，我不該用故意來形容鳥的行為！）唱出對方的歌的片段，而且是在對方還沒唱完歌之前就搶先插嘴，就好像「有意」（對不起，我又來了！）搶白，讓對方唱不出來。這使我想起我們的政治人物在電視上的辯論，總是不等對方講完，就搶先發言，而且常常會引用對方的話去堵對方的口。想想真是鳥、人一體，惡根同源，不由得令人會心一笑！

這種對唱時的搶白行為，其實是相當不容易做到的。首先要把對方唱的歌的片段拷貝下來，再以自己的歌聲去仿製這個片段，然後安插在自己的歌聲中去擾亂對方。模仿的準確性與插入時段的安排都要恰到好處。但更精采的是這些仿製與搶白不但發生在公鳥對公鳥上，也會發生在一對公母鳥對另外一對公母鳥上。吵架吵到全家出動，當然是

「四嘴齊發聲，歌聲震天地」的局面了。

通常一對公母鳥一齊合唱，公鳥歌的音節和母鳥歌的音節是緊密交叉，互不重疊，這種時間的掌握要非常準確，疏漏不得。那麼，當一對合唱的公母鳥和另外一對合唱的公母鳥吵起來時，在這兩串交雜在一齊的音節片段中，如何去拷貝？如何去仿製？如何去插入？安插在哪裡？我們不必杞人憂天，牠們的能耐超乎想像，解決的方式就是公對公、母對母，拷貝、複製、搶白各自完成，真是令人歎為觀止。這個實驗是一對蘇格蘭科學家在哥斯大黎加做的，對象是當地的鷦鷯（wren），論文發表在《生物學通訊》（*Biology Letter*）上。我讀過之後，久久不能話語，自然界的玄機暗藏，處處奧妙，沒有科學，如何能洞視這一切！

最後，有一個研究值得科學家警惕。以前很多實驗的結果得出，守住疆土的公鳥對鄰居和陌生鳥的入侵都有同樣的反應，就以為公鳥無法分辨鄰居和陌生鳥的歌聲。但仔細去分析以前實驗的做法，都是讓公鳥守在疆域中的巢內，那麼牠對所有入侵的鳥，不管鄰居與否，當然都一視同仁，統統都要趕出去。新的實驗，則把公鳥擺在牠的疆域之外，再放鄰居的歌和陌生鳥的歌，結果發現，公鳥對鄰居鳥聲的入侵並不以為意，對陌生鳥的歌聲入侵則立即起身，到處巡邏查探，牠到底是能分辨鄰居和陌生鳥，還真是親疏有別的！實驗做得好，做得完備，結論才能下得正確，好的科學人永遠在學習。

突然響起一陣敲門聲，朋友探頭進來，遞給我一份三明治和咖啡，看我好像不打噴嚏了，眼睛也不癢了，直盯著我瞧。當然是Allegra起了效用了，我笑說。但我真的要告訴你，得識新知的喜悅，是可以治百病的。真的，至少對我是如此！

4 老楊的音樂箱

音樂幻覺，其來有自。

老楊是我三十幾年前的舊識，那時我正在服預官兵役，他是我的排副，很喜歡看書，學問也好，人非常精練能幹，對部隊裡的大小事物瞭若指掌，排、連裡遇到困難，大伙兒就找他解決，而且他也真能把亂七八糟的事情，理得頭頭是道。這樣的人才怎麼會屈就在排裡當排副呢？原來老楊年輕時候是個滿腔熱血的知識青年，自願從軍參加抗戰，在一次作戰的砲聲隆隆中，耳朵幾乎給震聾了，癒後的情況雖有進步，但耳朵有點背，就影響了他往上升遷的機會。他一直對我這位菜鳥排長很照顧，我也很感激他。退伍後，幾次返回部隊去探訪他以及排裡的同仁，但後來我出國讀書，一去數十年，就失去聯絡了。

那天，他突然出現在我辦公室，手裡抱著一大箱水蜜桃，一頭白髮，笑得好令人窩心，一見我，就對著我豎起大拇指，爽朗的聲音高嚷著：「小排長，幹得好，俺佩服您！」我一聽見「俺」，就親切無比，再一聲聲「小排長」，就把我的淚水都給催出來了。我拉起老楊的手，吊起嗓子，就唱起京戲來了，老楊只一逕的笑著。陪他來的一位中年婦女，趕忙說：「爸爸一定要來看您，還要您嘗嘗他在山上親手種的水蜜桃，同時也要請教您，為什麼他一直會聽到音樂，我們帶他去看醫生，醫生只勸爸爸不要胡思亂想，可是爸爸說他什麼都沒想，歌聲就那麼不停的冒出來，一首歌還沒完，另一首就接著來，他自己都嚇壞了。報上說你們實驗室研究腦神經運作，我就帶他來讓您看看。這到底是怎麼一回事？」

原來是他女兒，講話清清楚楚的，就像老楊當年。她告訴我，老楊從軍中退伍後，就帶著一點積蓄到山裡的榮民農場種水果及高山蔬菜，因為看的書多，曉得各種蔬果改良及管理的方法，把山上的農場整理得很好，累積了一些資金，又和幾位舊日軍中同袍共同投資一塊較大的農地，種的水蜜桃又大又甜，毛茸茸的白裡透紅，煞是好看，銷路很好。存了錢，就在當地結婚生子，變成山上的「在地人」，幾十年來，又風又雨，又是地震又是土石流，但他總是守住那片家園，樹倒了再種，房子塌了再建，看著子女長大成人，自己也老了。

她說，爸爸每天在山林裡活動，晚上還是喜歡看些書，因此家裡有很多書，她們這些小孩從小養成讀課外書的習慣，而且看得又多又雜，從不覺鄉間的閉塞和寂寞，她現在在鄉村的一所小學當校長，對我們推動閱讀完全認同，爸爸常對著她們說：「這小排長，硬是要得！」這回真是被幻聽嚇壞了，所以就拉著她上台北來找我。

我問她，老楊的耳背是否越來越嚴重了？她說她爸爸今年七十五歲了，以前的重聽在這幾年已惡化到耳聾的地步，講話聽不見，溝通要靠書寫，但身體仍很硬朗，不過自言自語的情形越來越多，而且會越講越大聲，旁若無人。問他為什麼，他回說，不大聲說話給自己聽，就會聽到腦海裡有音樂、有歌聲，好像收音機一樣不停的播放，想停也停不了。我看看老楊，仍然是一臉開心，似乎聽不見我們在談什麼，只是一直摸摸我的手臂和肩膀，高興的說：「胖了，胖了，阿排變阿肥（台語）了。」我向他比比耳朵，他大聲說：「越來越聽不見了，要用寫的！」

我拿起筆來寫字問他：「現在有聽到音樂和歌聲嗎？」他說沒有。只要他耳朵有些微聲音出現，腦裡的音樂和歌聲就會消失，但如果一個人靜下來，聲音就會接二連三出現。幾年前，他開始感到這個現象，起先以為是有人打開電視或收音機，但走出去一看，卻發現外面一個人都沒有，電視是關著的，收音機也沒開，可是音樂和歌聲卻一首又一首清清楚楚的播放著。

我問他聽到什麼音樂，他說大多是京戲，也有流行歌曲，都是老歌，像美黛、紫薇、鄧麗君，還有黃梅調，但這些都極少出現在收音機上了，他也不曉得是從哪裡來的。直到出現了一連串的軍歌，尤其是「反攻，反攻，反攻大陸去……」等合唱曲時，他就知道那些音樂與歌聲絕不會來自電視或收音機，因為已經沒有人會再去播放這些歌了。而且，他知道自己耳聾得厲害，幾乎聽不到外面的聲音，所以一定是腦袋壞了！這些年來耳朵越來越背，這些音樂無端端出現的次數就越多，他問我他是不是瘋了?!

我又問他：「這些音樂通常在什麼情況下會停下來？」他說：「停不下來，一首接一首，我把頭搖了又搖，還是停不下來。一定要等到我自己大聲說話，大到有一兩個聲音進到耳朵裡，音樂就忽然停了！」我接著問他有聽見別人在說話嗎？他說從來沒有，也不曾聽到以前軍中的長官訓話，只有音樂，只有歌聲，都是他熟悉的，但絕對沒有人對他竊竊私語。他很困惑，他是不是真的瘋了?!

我趕忙抓來一張更大的白紙，飛快的寫著：「老楊，你沒有瘋，瘋的人會聽到有人對他說話，而你沒有。你的問題是在腦，沒錯！是因為你一生都喜歡聽音樂，也愛哼歌，你的腦神經的音樂迴路一直有外來的刺激去滿足它。但這幾年，你耳朵聽不見外面的聲音，你的音樂網絡神經就自己製造那些已知的熟悉音樂與歌聲來滿足自己，但這個幻覺只要有一些感官上的聲音出現，就會被壓下來，因為外來的刺激才是真實的。你能靠感官的反應就把虛幻的音樂與歌聲關掉，表示你腦神經運作正常，對真實的監控仍舊好得很。你放心，不要害怕，你絕對沒有瘋！」

老楊一邊仔細的讀，一邊拚命的點頭：「是嘛，我是沒有瘋，小排長，你說得對，確實沒有人在暗中對我說話，確實只有音樂，也確實我大聲嚷嚷時，耳朵稍微聽到我自己的嚷聲，音樂就停了。小排長，謝謝您，我是沒瘋！」我捉住激動的老楊，又寫了一段話：「你現在的毛病很像耳聾後的貝多芬，這位大音樂家也是一直聽到樂音，而且發作起來，搖頭甩腦都沒用，他乾脆把它們寫下來，譜成世界文明史上最偉大的樂章。同樣的，晚年的舒曼也據說是把幻覺中的樂音，轉成優美的音符，他常常告訴人家，他譜成的樂章，其實是舒伯特的鬼魂在對他唱詩呢！」

老楊一臉嚴肅，拉著我的手說：「小排長，有你的！我確實是應該感謝老天，在我晚年賜給我一個充滿記憶的音樂箱！」

老楊和他女兒回去了，留下一室桃香，也留給我滿心悵然，我望著桌上那一堆神經科學的期刊，其中有一篇就在談這個音樂幻覺的研究。一位澳洲的神經科醫生，積十五年的經驗，整理出一些頭緒，老人——包括一般重聽的人——較容易產生這個音樂幻覺的現象；女人——尤其是有憂鬱症的女人——比男人更會出現音樂幻覺的現象。腦造影的研究顯示，音樂幻覺發生時所激發的神經迴路，和一般人聽音樂時的迴路相似，但很明顯的不同點在於前者的聽覺區完全沒有活化的現象。

所以，我告訴老楊的，是有根有據，不是只在安慰他而已。不過，如果他知道，在他來的前一天，我才讀了這篇期刊的文章，他會說，這是巧合還是緣份？我是科學家，寧可相信那只是巧合！

5 歷史上最偉大的「學生」

不愛出風頭的釀酒師，
創造了統計學上的大理論。

八月中旬德國南部，一向風和日麗，充足的陽光與肥沃的土壤，使得當地的葡萄長得甜又多汁，是世界有名的葡萄酒產地。我不會喝酒，也不懂酒的好壞，所以，即使到了世界最著名的酒鄉之地，也沒有想過要去參觀探訪。但是，天下事有時就是難以預料，說真的，想不到我到德國美因茲大學（Johannes Gutenberg University Mainz）的三個研究單位（心理系、語言系及醫學院）做了三場演講，得到了三次掌聲，最後，更被送進三家大釀酒廠，去品嘗三種不同品牌的特級葡萄紅酒與白酒。經過三天的洗禮訓練，我已從「酒盲」變成論酒的專家了。

記得第一天的演講才結束，心理系主任告訴我，他要送給我一個旅遊的驚喜，我很高興的跟著他和幾個同事一齊開車南下，一路上以超出兩百公里的時速飆飛在鋪得非常平穩筆直的高速公路上。四十分鐘後，車子離開高速公路，轉進了山間小路，兩旁起伏的山丘種滿了一排又一排的葡萄矮樹，一眼望去，海浪似的綠濤成波，隱藏在葉影中的藍珠成串，加上青天白雲，風光實在明媚。車子轉了幾個彎，開進一個小村落，眼前到處是紅瓦土牆的小房子，以及由小石塊精心鋪成各種圖案的小道路，我們把車子停在路旁，走向村莊的中心。道路兩旁的小房子都整理得非常乾淨，房前、牆邊、窗戶四周佈滿各式各樣各種顏色的小花，漫步其間，有如西洋童話中的仙境。

走到了村後一家拱門大開的農家，院子裡擺了幾張大桌子，鋪上了印有葡園山莊圖案的桌布。山莊主人已經等在門口，招呼我們趕快坐下來，然後迫不及待的從後面廚房拿出兩瓶紅酒，一瓶 dry、一瓶 half dry（糖分高，酒的含量較高），供我們各自挑選。主人先為自己倒一杯，一邊喝，一邊說明他們家的製酒史至今已有四百年。站在他身邊的是一位品酒師，滿年輕的，一臉和善，說今天的任務是要教會我們如何品嘗葡萄酒。

他先以礦泉水漱口，然後拿起一杯剛倒的紅酒左右搖擺晃動，接著用大鼻子在杯口用力聞吸了一下，眼睛都瞇起來了，好享受的樣子；停頓一下後，他舉杯含了一大口，並沒有馬上吞下去，而是讓那口酒在口腔裡滾動，並且用力沖擊舌頭四周，四、五次之後，慢慢的將整口酒喝下去，又閉目養神，回憶一番，才放下杯子，告訴我們：「品酒靠的是嗅覺和味覺的統合觀感。首先要利用晃動，讓杯中紅酒的濃郁香味浮發出來。品酒工作的第一步，是要鑑定酒的香味來自哪一種葡萄釀製而成。我們要經過專業訓練，在各種酒裡去定出味道的方向。對同一種的酒香，重複鑑定，有一致性的結果，才能通過第一個專業考核，才能進入下一步的訓練。再來，就是要把酒含在口中用力沖擊舌頭的四周，不能含在舌頭中間，因為舌頭中間部位並沒有很好的味覺，不是嗎？」

講完這句話，他眼睛對我們掃描一番，接著說：「你們都是研究心理學的，對舌頭上負責味覺味蕾的分布，應該比我清楚才對。」他講得沒錯，大部分的味覺是集中在舌頭周邊，甜的感覺在舌尖，酸、辣分別在舌頭兩側的前後，而苦的感覺大部分集中在舌根後部。所以，當我看到品酒師把酒含在口腔，用力沖擊著舌頭的四周時，我了解它的作用就是不要讓酒停留在舌中間，而能刺激舌頭周邊的甜、酸、苦、辣的味覺。這些品酒師的專業經驗，和科學研究的生理結構是符合的。

理解了這些道理，我也舉杯晃動，努力用鼻子聞了一下，尋找芳香的性質，再喝一大口酒含在口裡，接著在舌頭四周沖擊，一陣子之後，果然感到酒味道的真實感，是以前我囫圇吞酒時所沒有的經驗。即使吞下去之後，對酒味道的感覺仍然回味無窮。

主人從廚房裡又拿出另一瓶紅酒，要我們去品嘗體會另一品種的葡萄所釀製的酒味。品酒師要我們先把口漱乾淨，至少等兩分鐘後，才喝另一杯，因為味覺刺激反應的還原，至少要等一分鐘。從生理實驗的證據，品酒師的經驗又完全符合研究的結果。所以，科學家真的不可忽視民間的經驗，後者也可以非常準確的。

我們一次又一次品嘗各種酒，三次紅酒、三次白酒，dry 與 half dry 各一杯。我因為不勝酒力，所以沒有走完全程。但看其他同行的人，都是一杯接一杯，而且「似乎」也能對不同的酒味做出判定，區分它們之間的不同。我對這樣品酒定高下的歷程印象深刻，但心中不免有所懷疑，因為酒的製程真的很複雜，陽光、土壤、水分、發酵的技術、香料的調配、空氣中的溼度、儲存的條件，這麼多變數，只憑少許幾位品酒師，真能一嘗定酒質嗎？有可信度嗎？判定的效度又如何呢？我向品酒師提出這些問題。他不疾不徐的說：「你聽過 Student 的 t 分配嗎？」

他一言解除了我心中的疑惑。對的，這個問題一直存在釀酒業的同業競爭中，誰有能力決定某一成品和另一成品有「顯著」的不同？單憑幾位品酒師，樣本是否太小了，不足以涵蓋全貌？而且樣本小，也就沒有足夠的代表性，其中的誤差又將如何校正呢？

差不多一百年前，有一位在愛爾蘭都柏林的金氏釀酒廠（後來的金氏紀錄公司的相關事業）工作的化學師，為了解決這個問題，提出了一篇劃時代的數學論文“The probable error of a mean”，其中，他推導出小樣本的t分配，可以用來校正小樣本可能產生的推斷誤差。這個在統計上赫赫有名的t檢定（t-test）方法，竟然是由一位名不見經傳的釀酒師所提出，影響了一百年來的生物、農業、社會、經濟、心理、教育等學科的研究推論。最有趣的是，這位「業餘」的數學家，在一家大企業做事，依規定不得把研究成果隨便發表，他本人也真是個不愛出風頭的釀酒師，所以就用很謙虛的筆名“Student”（學生）發表這篇論文，至今學界大多數做實驗的人，幾乎天天都在使用t檢定，然後根據Stndent’ t的分配表，去得出實驗的結果到底有沒有統計上顯著的效應。

我走出了農家的大院，心中緬懷著這一位百年前為人類的知識做出巨大貢獻的人，他的真名是葛賽特（William Sealey Gosset），他自己是金氏黑啤酒廠的釀酒顧問，又是統計學上最有名的「學生」，他在酒中找到了學問，也教會了釀酒界的人如何去設計實驗，以實徵的結果去提昇酒的品質。我走在葡萄園的小道上，想像著一百年前他在小麥田埂上騎腳踏車的閒逸身影，我們才是他永遠的「學生」！

6 原創力之探源，猶如摸象?!

但持續的摸索下去，把各種圖像兜在一齊比對、整合，象的真實形狀就會顯現出來。

一九五〇年，二十世紀剛過了一半，美國心理學會在賓州州立大學的校園裡舉辦了第五十八屆年會，由當時以研究智慧的多因理論而赫赫有名的季弗德（Joy Paul Guilford）教授，發表新任理事長的主題演說。演講一開始，他就對心理科學的研究走了半個世紀，卻對人類最偉大的創造力特質不加以重視，表示不滿，他舉證說明五十年來心理科學文獻中有關創造力研究的論文不到千分之二。季弗德在演講中，一再提醒心理學研究者要從發散式思考（divergent thinking）方式去理解人類創造力的緣由，他和他的學生也就此投入並推動創造力的科學研究。

一九九六年，又過了將近五十年，心理科學對創造力的研究投入了更多的關注嗎？

耶魯大學的史登堡（Robert J. Sternberg）教授在那年做了一個更為仔細的統計，結果發現，從一九七五年到一九九四年的科學文獻中，和創造力有關的論文大約有千分之五，比起五十年前好像進步了一點點，但如果和別的研究議題的論文數相比較，仍然是少得可憐，居然比閱讀的研究（千分之十五）少了三倍！

為什麼大家都認為是那麼重要的創造力議題，卻得不到研究者的青睞呢？原因很簡單，大家都知道人類是有創造力的，否則個人的理念不會翻新，社會的制度也不會有變化，科學不會進步，技術不會革新，新潮前衛的藝術也不會興起，但是引起這些變革的原動力是什麼？什麼時候會啟動？何時完成新的風貌？這都是很難界定的，因此，在沒有一個共同的研究典範之下，基本語彙、概念、測量方式都毫無共識，對預期的成效也沒有把握，大部分的心理科學家就只有選擇視而不見的態度了，而留下來投入創造力研究的人，又常常只從各個不同流派的觀點去解讀創造力，議論紛紛卻又各說各話，猶如寓言故事中的瞎子摸象，摸到象腳的就說是柱子，摸到身軀的說是牆壁，摸到尾巴的說原來是一條蛇，摸到……。個別而言，他們都對了一點點，但整體而言，他們都不對。讓我們來看看這些不同流派到底摸到了什麼。

首先，我們碰到的說法是神秘的心靈附身。從古希臘的柏拉圖認為謬思借詩人的筆在吟唱，到近代的吉卜林自認只有在心魔盤據胸腹時，才會靈感湧現、創思不絕，都是在描繪個人創作時的心理狀態。但這種說法重視的是捉摸不定的靈感，很難進入科學解析的殿堂。

其次，我們讀到了許多實用派的說法，他們總是從用什麼方法才能提升創造力的角度去舉辦各種工作坊，提出潛能開發的概念，但他們從來不重視理論的研究，也不覺得有必要用科學方式來驗證他們的說法。他們強調的是個人或團體要自我修練某些特定而「有用」的思考方式，例如要養成旁敲側擊思考（lateral thinking）的習慣，要經常經歷積極的腦激盪（brainstorming）活動，練習放鬆，減少壓抑等。其實他們的某些作為和學院派的科學理論是不謀而合的，但是因為他們從不願意對提出的方法做科學上的效度檢定，因此所謂不謀而合，是否只是表面的相似，而無實質的意義？

第三，脫離了這些旗幟顯明的實用論述，我們往下就會摸到不可意識的潛意識創造論。這一派的祖師爺當然是心理分析學派的創始人佛洛依德。他主張作家和藝術家的創造力來自於要把他們那些被壓抑在潛意識裡的欲望，以社會可認同的方式表現出來。創造力猶如埋在地底下隨時可能被引爆的火藥，在某些社會文化的條件下，會展現出異於常理的行為表現。近代的心理學界，把這一派的看法稱為心理動態的觀點，將它們歸為藝術與哲學的表述，而不是嚴謹的科學理論。

第四，我們終於走進了量化的世界。季弗德和他的追隨者主張以科學計量的方式，去測量人格的特質，設計適當的測驗就成為研究的主要工具。想設計有用的測驗，就是測驗題的制定必須根據某些特定的學理，才能使測驗達到除了一定的信度（可靠）之外，還要有好的效度（結果確實反映所預定要測量的特質）。所以，對於創造力特質和大家所熟悉的智慧測驗所量到的ＩＱ特質到底有何關係，就必須釐清。如果創造力和ＩＱ相關很高，那就不必為創造力的探源傷腦筋了，因為了解ＩＱ，就包含了創造力。但事實上，多年來大量的研究結果，都指出兩者之間並沒有一一對應的關係。

有研究指出，高創造力的人一定有較高的ＩＱ，也就是說要有創造力就要有高於大約一二〇的ＩＱ，但ＩＱ超過一二〇以上的人，創造力和ＩＱ的關係幾乎等於零；更有趣的是，在有些特選的極高成就的領導人群裡，他們的創造力和ＩＱ反而出現負相關，表示創造力和ＩＱ各遵循不同的心理運作軌跡，確實不可混為一談。

第五，談到人格特質，就不能不談到動機，尤其是社會化歷程的成就動機，社會與人格心理學的研究者，在比對高創意者與低創意者的人格特徵，歸納出前者的幾項主要特質，如獨立的判斷力、對自己有信心、對複雜問題有興趣、有美感，而且不怕冒險。

這一派人認為文化的陶冶也是個重要的因素，文化多樣性、戰爭、偶像典範（role model）的存在，以及在同一領域中有強的競爭者，都是時勢造英雄的社會文化條件。

第六，贊成演化論者也有話說。他們認為創造力的機制和生物演化的機制並無不同，前者只不過是在人類社會文化條件下演化的特例而已。他們認為創造力的出現須經兩個步驟，第一個步驟是盲目的變異（blind variation），也就是不同的概念隨機式的被拋出來；第二個步驟就是選擇性的保留（selective retention），使適切的理念被保留，而其他的就自然消失。這樣的看法，對一般以人為本的學者而言不太能接受，認為把創造力建立在盲目的變異上，是個不可思議的想法。史登堡教授強烈反對把莫札特、巴哈、貝多芬的美麗樂章，說成是建立在隨機出現的音符上。

最後，我們這些研究認知神經科學的人，有什麼看法？如果我們從左、右腦分工的功能觀點去看創造力的出現，就會有很驚喜的發現。一般而言，左腦的處理方式是專注於特定、具體且直接的目標，採用的是聚焦（focus）的策略，而右腦的處理方式是把能量散發到較遙遠、較模糊、較間接的相關目標上，採取的是像漣漪擴散式（diffusion）的策略。如果創意是把所學過的舊記憶重新排列組合的結果，則右腦的擴散功能，配合左腦的聚焦功能，確可提供非常完整的創造歷程的描述。

另外，我們也可以在電腦上去建構這些不同的策略，來模擬創造的歷程，例如早期的 BACON 模擬程式，可以在得到哥白尼當時的各項天體運行的有限資訊時，計算出哥白尼所發現的物理運動的第三定律。但用模擬方法所建構的創造力，是真的如人腦所發展出來的創造力嗎？

上述對創造力的不同論述，各有特色，也確實點出了不同的向度，但假如只從一個角度去看創造力，則猶如摸象，摸此得此圖像、而摸彼得彼圖像的對立情況就非常嚴重，但科學家必須持續的摸索下去，這些不同的圖像經過不停的比對、整合，有一天總會得到真實的象的形狀。這最後的了解，也是一項創意的表現！

7 智慧之城：地中海邊的藏書庫

凡入我港，強行搜船；
若有新書，抄完再還。

蔚藍的地中海上，一艘雕飾得十分精美的木造大商船，緩緩地駛進埃及亞歷山大（Alexandria）港，身形高壯的船長，一臉嚴肅站在船頭上，所有的水手都暫時放下了手邊的工作，緊張的凝視著岸上那一大群全副武裝前來迎接他們的軍隊。發生了什麼事？只知道他們要上船來搜查。但，搜什麼呢？

船終於穩穩的靠在岸邊，岸上的將軍和士兵們不動如山，倒有一位看似文職、長相圓滾的官員，帶著四、五位隨從，穿過軍隊面前，輕快的走上船頭。船長懷著忐忑的心情迎接上去，以流利的埃及話向官員們致意，滿臉笑容一再強調這是一艘道道地地、如假包換的商船，在地中海的各個港口航行，以貨易貨，純粹做生意，而且依法繳稅；絕沒有隱藏罪犯，也沒有偷運奴隸，更沒有任何走私的違禁品，一點都不會亂來。

帶頭的長官聽著船長緊急的陳述，微微一笑，以文質彬彬的口吻說：「船長，請放心，我們不是稅吏，也不是國家安全官，我們是國家圖書館的代表。我們上船來，是因為埃及剛剛頒下了一道律法，規定所有外來的船隻一旦在亞歷山大港停靠，都必須接受搜查，看看你們是否帶來了新的書卷，是我們沒有的！」

搜書?!船長聽了這席話，吃了一驚，心中更是嘀咕不已，難道帶書有罪嗎？何時埃及變成焚書、扼殺新思潮的國度呢？圖書館的長官看出了船長的驚慌，立刻安慰他說：「我們搜書，是為了看看有沒有新的知識在我們不知道的地方出現了。只要是新書，我們會派人抄寫下來，存在圖書館裡，原書就還給你。如果是用我們不懂的文字寫成的，則我們希望你們船上那位懂得該文字的人幫我們翻譯成埃及文或希臘文。我們的君主認為，擁有書，就是擁有智慧。他特別頒佈這條法律，是為了要讓埃及擁有全人類的智慧，並且把亞歷山大城的藏書庫（Bibliotheca Alexandrina）變成全世界最重要的智慧之城堡。」

兩千多年後，我背對著圖書館，坐在石階上，迎著海風，面向亞歷山大港，遙想著發生在地中海岸邊的這一段故事，不禁肅然起敬。居然在兩千多年前有這麼一位大智慧的國王，頒佈了這樣的法律，以收集人類的新知為己任，然後把他的藏書庫開放給各國學者，邀請他們到這裡來學習、創作，並思考人類的未來。這位君主的遠見、決心與具體作為，真正奠定了人類智慧的基石。仔細回顧科學史，則所有後代科學的成就，都可以追溯到兩千年前那個收藏豐富的藏書庫所發生的一些事情上。

這個藏書庫建於公元前二九〇年埃及的托勒密（Ptolemy）王朝，是人類歷史上第一個以政府的經費支援的公共圖書館，它建在當時地中海最繁華城市的海邊，所以得地利之便，收集到過往船隻有心或無意攜帶來的各種書卷，內容之琳瑯滿目，有對天上星象的觀測，有對地上各種動植物的描繪，有數學的運算，有醫療的技術，有哲學的思考，還有曆法、農事、建築等學問，有各種不同文字的書卷、繪本，也有各地風土人情的述說，甚至包括了各地的食譜，在最強盛的時期，藏書庫所擁有的羊皮書卷及草皮書卷高達七十萬卷，絕對夠資格被尊稱為「人類智慧的城堡」。

從一開始，負責書庫的管理員都是一時之選的學者，他們一致認為，只重收藏是沒有意義的，藏書再多，若不能被使用，則等於無用。所以建立索引，以文字的拼音字母為序，以作者姓氏的拼音字母做排列，利用這些準則，方便使用者的查詢。根據這樣的原則，藏書庫不停的改進索引系統的方便性，也由當代大詩人菲勒塔斯（Philetas）利用館裡的資料編纂了歷史上第一部大字典，而且字的排列就按字母的次序加以編序。

不久之後，又有學者針對每一個字的內容加上註釋，由字典變成辭典。而後來的學者又根據這些新的詮釋與比對，寫出了歷史上第一本文法書。這一切都是為了方便使用者的查詢，套一句現代常用的術語，就是要造出一套"User Friendly"的搜尋引擎。我想，雅虎、Google的使用者，不可不感激兩千年前在亞歷山大藏書庫中孜孜用心的學者所開拓的這些「軟體」的概念。

但君主們的遠見不僅在書卷的管理與使用方式，他們考慮到是要誰來使用它們，這一點才是令人佩服的。當時的君王不以埃及本土的意識型態規範文明的進展，而是廣收其他國家的作品（包括敵對國家的學者著作），對當時最有名的他國學者更是敞開大門，邀請他們來到庫中學習、講學、研究、寫作，期望不同文化的觀點可以融合在一齊，撞出新興的火花。這些措施使得藏書庫一下子就變成世界各國最有名學者的聚會場所。

亞里斯多德的兩位學生來了，一位是幾何學的始祖歐幾里德，另一位是「發現者」阿基米德；另外，第一位宣稱地球是繞著太陽轉動的亞里士達克（Aristarchus）也來了，第一個算出太陽曆的一年有多長的希巴克斯也是其中的留學生之一；還有第一次量出地球圓周有多長的伊拉特斯提尼斯（Eratosthenes）也在那裡待過；當然，那位為圖書定出索引系統的詩人卡力馬克斯（Callimachus）也是外國來的學者，他整頓了亞歷山大港的藏書庫，使它變成為現代的圖書館，所以被尊稱為圖書館之父。

這些外籍人士沒有因為他們是「外人」而被排斥。亞歷山大港的藏書庫除了眾多書卷之外，這一種接納萬流的胸襟，才是令後人景仰的，也許這也是君主們把藏書庫建在地中海港口城市上的重要原因，不但借交通之便引進世界各地的人才，更要展現納萬川入地中海的宏願吧！

這個人類文明史上的第一座圖書館在公元後的四百五十年裡，經過幾次的戰亂，就一再被烽火燒毀。第一次的戰火是在凱撒大帝為亞歷山大城的埃及豔后克麗奥佩托拉（Cleopatra）所發動的戰爭中點燃的，公元四八年，凱撒火攻埃及艦隊的餘燼蔓延到港口的木造藏書庫，造成巨大損害。後來幾次羅馬軍的入侵，又燒又打的大肆破壞，到一六○○年前就只剩下斷垣殘壁，供後人憑弔了。

三年前，在聯合國教科文組織的努力下，耗資六億美元的新圖書館在原地重建完成，世界上許多國家出錢出力，為館裡的軟硬體做出貢獻。十一月底，我代表台灣中研院來此參加發展中國家科學院的會議。會議選在亞歷山大港的新圖書館開，是有特別意義的，因為非洲是科學家應該關心的地區，而埃及的亞歷山大圖書館是提升非洲科學能量的出入口。

我帶著台灣完成的數位典藏研究的成就，望著蔚藍的地中海，對王朝君主們的宏願，心嚮往之：把東方的文明以數位的方式，融進埃及、希臘的古文明中，更期望東西的結合，帶來更高層次的文明！

8 觸動神經倫理的心智進補術

補腦、補心、補記憶術、補感覺統合……
是我們崇智文化的宿命。

二〇〇八年奧林匹克運動會將在中國的北京市舉行，為了迎接這四年一次的國際體壇大事，更為向全世界的觀眾展示他們國家在這些年的經濟與運動實力，中國各級政府是拚了命，不吝花大錢，「全面搞工程」、「努力抓進度」，就是要讓老外看看新中國的風貌。

我有個醫療界的舊識，是外商在中國投資的代理人，我看他飛來飛去，生意做得很忙碌的樣子，不免問他在忙些什麼?他說：「忙奧運唄!二〇〇八就快到了，醫療衛生必須打點的事太多了，所有的準備工作必須及時完成，藥品、醫療器材、醫護人員、檢測專家統統要到位，一點都不能有差錯，怎麼可能不忙碌?」我想也是!那麼大的一場盛會，幾千個選手，幾百個項目，要準備得非常周到，是很不容易的。所以，我敬佩之餘，再問一句話：「那最難的準備工作是什麼？」他看著我，一臉我太不懂事的表情，嘴角噴出了兩個字：「尿測！」

我一聽就明白了，參加奧運會的運動員在參賽前後都必須接受驗尿，以確保成績的提升不是因為外來藥物的增強作用而得。最有名的例子當然是一九八八年漢城奧運會上，加拿大籍的百米飛毛腿班・強森（Ben Johnson）因為使用禁藥被查出來，參賽的資格被取消，到手的金牌也飛了！另外，前不久，美國短跑健將情侶檔瓊斯（Marion Jones）和蒙哥馬利（Tim Montgomery），就是因為禁藥疑雲而造成一對鴛鴦雙雙落難的遺憾！大陸的中國游泳選手，從一九九〇年至今，竟然有超過四十位選手因尿測查出禁藥的痕跡而被取消資格。禁藥的使用，一直是體育界的痛，也因此，在各項競賽激烈的項目裡，運動員、教練和藥檢單位之間的「躲貓貓」遊戲就一再上演，其層出不窮的花樣，更為競賽新聞添上朵朵烏雲。

近年來，生醫科技的進步對體壇禁藥事件更有推波助瀾的作用。一九九六年亞特蘭大奧運，號稱為「類固醇奧運」（Steroid Olympics）；到了二〇〇〇年，雪梨奧運則被冠上「血紅素生長素奧運」（EPO Olympics）；然後，因為禁藥生技的發展突飛猛進，使雅典奧運會被戲稱為「生長荷爾蒙奧運會」（Growth Hormone Olympics）。那即將到來的北京二〇〇八奧運會，科學家會有什麼預期呢？根據一些由各地所舉辦的奧運前的單項或多項競賽所傳出的流言，以及所偵測到的禁藥，已經有人預言，二〇〇八年北京奧運很有可能成為結合禁藥和生化科技的「基因工程奧運會」（Genetic Engineering Olympics）。

很可怕，也很可嘆吧！人類為了爭取金銀銅獎牌，竟然把奧運的理想與神聖的運動精神給拋棄了。當然，巨大的商業廣告利益與虛無的民族自尊心，是引起這些「藥物人製造業」的主要動力。但人類的文明在標榜卓越、追求超人的途徑上，所發展出來的「自宮以求聖」的歪風，才是值得整個社會去深思與自省的大事。

有人或許會認為運動員所呈現的歪風，不過是對肉體的增強而已，是屬於笛卡兒「二元論」中生理機制面的那一元而已，不值得大驚小怪，反正人類該重視的只有「我思故我在」那一個較神聖的心靈面。而且貶低運動員，說他們是「不用大腦的那一群人」的不當想法，在社會上也相當普遍，因此，把體育界的禁藥事件，只當成是那一群沒有大腦人的作為，也就不足為奇了。但，事實上，以藥補腦，以增強認知能力的想法與做法，已經出現在眾多「文明人」的身上了。我們應該問的是，為什麼我們容忍「心智進補」，而責難運動員的「肉身補強」呢？

無可否認的，隨著神經藥物科學及認知神經科學的進步，人們可以用藥物來增強注意力及記憶力，並且提升空間推理能力，促進時間資訊處理的效力。這些增強的能力也許不能持久，但短暫的把智慧測驗成績提高，是很有可能的。問題是，我們能相信這樣因藥物介入而提高的ＩＱ嗎？

在我們的文化裡，盲目崇拜造成學業成績高的那一元智慧，似乎是我們的宿命。只要能「資優」，那我們就什麼都補！補腦、補心、補腎、補記憶術、補心算、補感覺統合，更要勤補「基本能力」。學校的小孩常常被家長補得成為藥罐子，也成「背多分」，現在更要在考前一小時猛聽「莫札特」，因為有心理學家發現，後者能提高空間能力測驗的成績！

我們必須嚴肅的面對這個問題了，這樣補來的成績算不算？

假如大家認為「心智進補」是個人的私事，政府不該干涉，則政府就要面對假性心智落差的問題，並且也要處理公平的問題。因為並不是所有的家庭都補得起，因為新藥一定很貴，而健保也不會給付！假如大家認定這些臨時性的補強藥物所提升的並不是真正的穩定智慧，則政府就要立法來加以禁止。例如要效法奧林匹克運動委員會的作為，嚴格執行尿測！

你能想像全國性資優測驗的場景嗎？參加測驗的學童，人手一瓶，考完後就在教室的出口處驗尿，考官更要使出渾身解數，以防尿瓶被調包。這樣的日子，應當不遠了，希望這不是危言聳聽。

當心智進補的可能性已觸動神經倫理的考量時，我們是該靜下來好好反省人類文明的走向了！

9 年齡會增加，老化並非必然

在我們眾多的基因中，確有一基因組，有如房子的管理員，負責讓這間房子有足夠的能量，來維護安適家居的各項功能。

做一位好的科學家，有兩個最主要的明顯特徵。第一是非常非常的好奇，對自然界的各種新奇現象，都有一究其理的衝動；第二是比較不保守，而隨時在尋找新的方法或新的思維框架，去解決一些目前尚無明顯答案的科學難題。

其實每個專業領域的推展，都是始於科學家對自然界的物理或生命現象的好奇，因此設計很多客觀的測量方式，用以界定各種不同的現象，並釐清眾多現象間的關係。再從同中求異及異中求同兩條路徑中，去整合出一些現象後的共通原則，然後用一套簡潔的語言（最好是數學的演繹方式）去建立理論。好的理論，不但讓我們了解當前所有現象的深層含義，最重要的還是能夠推演出來許多尚未被觀察到的現象。新知識的建立，往往來自這些新現象對原理論的挑戰，研究者常常要設計一些關鍵性的實驗，用所得到的數據去決定相對理論的取捨。

做為一位科學人，也有兩個主要特徵。第一個是求知欲特別強，他雖然沒能直接參與科學家在實驗室或田野研究的操作，但在閱讀科學家對他們研究的解說時，也一樣經歷了好奇、認清問題及求解答的歷程，然後對科學家所設想的研究方式，也常常會拍案嘆奇，有一種欣賞又滿足的喜悅；尤其是看到一些懸宕已久的問題，忽然被一個新的構想所引發的新實驗方法給解決了，更深覺人類的文明又有了新的枝芽，而它不知道又要以什麼風貌出現在未來的世界裡。想起了這樣的可能性，心裡當然充滿了喜獲新知的感動！第二個特徵則是有分享知識的熱情，看到了好的想法、做法，就會情不自禁想說給別人聽，科學知識的擴散，就是建立在這個與人分享的基礎上。

我這些日子，心情很痛快，就是因為讀了一篇很有意思的科學報告，這份研究對延緩生命老化提供了新的可能性。所以要趕快和你分享！

在美國生活時，常常聽到一句很有趣的諺語：「做一位現代的國民，有兩件事情是絕對逃不掉的，一個是繳所得稅，另一個則是隨年紀之增長而逐漸老化。」繳稅和老化這兩件事，當然是反映人生的無奈，前者雖然鐵令如山，非繳不可，但有「辦法」的有錢人，卻總能在稅法的漏洞中做各種「節稅」（唉！說逃稅就太難聽了！）的處理。到頭來，那些每年收入上億的富豪，繳的稅比我這個受薪階級，竟然少得太多了。所以，精研稅法，是可以為某一些人減低（或完全去除）納稅的必要性的！難怪美國到了繳稅的月份，書店裡就充斥著各種各類的節稅秘笈，教你許多撇步，在合法的範圍內和國稅局鬥智。

但對於老化的必然性，難道我們就束手無策嗎？總不能認命了事，靜待年華逝去吧?!其實生命科學界對老化的研究已經有很長的歷史了，而且大家的共識也越來越指向基因控制的理論。但是到現在為止，各個實驗室的研究都只看到自己實驗室裡某一種動物的生、老、病、死，只知道龜可以活得很久，而果蠅的壽命就只有幾個星期。老鼠、貓、狗、猴子、猩猩、人，各有各的老化歷程，好像很難兜在一起，所以很難回答共同機制的問題。常常在一種動物的研究裡所找到的老化相關的蛋白質變化，在另一種動物中並沒有相似的變化，尤其當使用的測量方法都不盡相同的情況下，就更沒有結果和解釋的交集了。

美國史丹佛大學一群科學家最近就完成了一項突破性的研究，他們想如果問題是產生在只使用單一動物的困境，那為什麼不用同一個客觀的測量去做「跨動物」的老化研究呢？打破各個實驗室的限制，打破所使用動物的限制，也打破了方法上的限制，他們使用了可以偵測到細胞或組織裡蛋白質產量的微列陣（micro array）分析儀，去做「跨」動物的比較研究。

他們檢測果蠅、老鼠細胞裡的基因所產生的蛋白質數量，看看哪一組基因的活動量因老化而產生差異；他們也從八十一位年紀由二十～八十歲不等的人身上，拿到了肌肉、腦和腎臟的組織，來加以比對和分析。果然在所有被檢測的動物及人類的組織裡，他們發現了有一組基因，在年老的時候活動力特別低，這一組基因建構了所謂的電子傳遞鏈（electron transport chain），在細胞的粒線體中負責產生能量。毫無疑問的，這一個共同機制的發現，對今後老化歷程的研究，將有很大的影響。

因為它提供了一個「跨屬」（包括各種動物）的客觀指標，可以相互參照，它更點出來這個指標比「生日」（幾歲了？）對老化更有實質的意義。在那八十一位年紀不等的人的檢測數據中，如果有個六十幾歲的人看起來活力十足，比實際的年紀年輕二十歲，他的這一組基因的蛋白質產量，果然是和一般四十幾歲的青壯年的蛋白指數相當；另一位四十幾歲的人看起來未老先衰，他的這個基因的蛋白指數，果然是等同於一位六、七十歲老人的基因所產出的量。

根據這個指標，這批科學家的另一發現是各個不同生物屬的老化速率（即由出生到開始衰微的時程）各不相同，但一旦老化的機制開始啟動，本來維持相當固定的蛋白質產量，就忽然間開始減產了，好像工廠就要關廠了。這一個發現很有意思，因為它告訴我們，在我們眾多的基因中，確有一組基因組，有如一間房子的管理員，他負責讓這間房子有足夠的能量，來維護安適家居的各項功能；直到有一天，他忽然決定離家出走，不再照顧房子，那間房子就開始這裡破、那裡漏，慢慢的也就垮了！

問題是什麼因素使管理員願意在龜殼中住很久，而在果蠅中卻待不了幾星期呢？到目前為止，什麼是這組老化基因啟動的原因，仍然沒有解答。

人類似乎是唯一能夠延緩老化啟動時程的動物。根據一份歷史資料的統計，在兩千年前的希臘，人們平均壽命不超過四十歲，到了文藝復興時代，平均壽命就延長了十年，比較二十世紀前後一百年，歐洲人的平均壽命也由五十五歲增加到六十五歲，有些國家的人甚至超過七十歲。如果我們看看台灣，光復前到現在，也由差不多六十歲增加到逼近七十五歲，婦女甚至已達八十歲左右。

好像人類的科技文明，確實在把掌管老化的基因之啟動期往後拉；當然科技的進步使我們更健康，更能提升免疫力，也使我們有更好的居家環境，以抵制自然界的災難。

但除了這些物理性和生物性的增強之外，也許訊息量的增加，也會使腦神經的活動越來越不知「老之將至」。我想下一波的研究，就要把認知能量和老化基因啟程之間的關係釐清。也許科學上不停進展的老化研究，有一天也會減低（或完全去除）老化的必然性吧！

所以，多多閱讀，活化你的心靈，讓腦神經永遠保持戰鬥力，真的會使你年輕哩！

10 哈伯先生，做不了Spelling Bee又如何？

失讀症是生物問題，
社會文化則使問題更複雜化了！

會議應該在下午五點鐘結束，但由世界各地來參加此次研討會的各路英雄好漢仍然意猶未盡，你一言、他一句，渾然忘了時間。主持人很急，因為大會準備的車子五點半就要開了，又不好阻止研究員的熱情發言，只能乾著急。但主持人異樣的神情，讓大家停止了討論，大伙兒很快的就安靜下來，主持人鬆了一口氣，把會議的結論稍微終結後，就宣佈：「今晚將在康州最美的森林山莊接待大家。農莊的主人正焦急的在等待著我們，他們夫婦是當代的影視界名人，拍了好多富有時代意義的紀錄片，得了五十幾個獎項，其中包括有九座Emmy Award（艾美獎），最重要的是主人哈維・哈伯（Harvey Hubble）本人是先天性失讀症者（developmental dyslexia）。」

輪到我心急如焚了，好想趕快見到哈維本人及聽聽他的故事。因為我們會議的主題就是跨語文的失讀症，而且這個跨國合作的科研計畫，才以前百分之一的排名，被選入美國國家衛生研究院（NIH）的整合型前瞻研究案，為期五年。我們這兩天的密集研討會就是為了十二月一日即將啟動的研究案做暖身。這計畫由耶魯大學、芬蘭赫爾辛基大學，以及台灣陽明大學共同提出，將針對不同文字系統的失讀症兒童，做腦神經組合及基因檢測的研究工作。

總主持人真是用心良苦，特意安排我們去哈維的農莊，參訪他如何以紀錄片的形式，將失讀症者的故事介紹給全世界的電視和電影觀眾。我聽說他正在自導自演拍一部有關失讀症研究的影片，名字就叫做"Dislecksia: The Movie"。單看片名 dislecksia，就知道他真是個失讀症者，因為正確的拼法是 dyslexia，而「正確拼字」正是失讀症者所不會的。

大會的車子在五點五十分出發，我因為自己租了一部小箱型車，就載了台灣來的李俊仁和鄭仕坤博士以及芬蘭來的三位研究者在六點整出發，一路上開得很辛苦，正好遇上了週五下班的車潮，塞得有夠厲害。在高速公路上走走停停，好不容易開到 Litchfield 的出口。還好，往山裡走的車子少多了，我加緊油門，穿過一個小小的市區中心，繞過一個好古老的鄉村教堂，然後又跑了一段垂直往上的山路，向左一彎，忽然一片草原在眼底展開，左側三幢白色的小房子，很純樸的新英格蘭風味，路的盡頭是個較大型的農莊，左邊是一棟石頭房子加上白色木板搭起來的兩層樓房，前面有大院，後面則是一片樹林，聽到水聲潺潺，原來樹林旁有一道小溪，院子好多棵高聳的白樺樹，風景幽靜得令人感到如入仙境。

路的右邊是個大糧倉，我把車子停靠路旁，糧倉內已是人聲鼎沸，人手一杯，正在欣賞主人夫婦這兩位藝術家，以農村生活必需品佈置出來的美國獨立戰爭中的新英格蘭風情歷史展，非常有創意，自然而不感覺突兀。我走到路邊，看遠處地平線上紅通通的一團火球，主人哈維站在我旁邊一起觀賞那原野的景色，我問他說：「那是太陽？還是月亮？」哈維沒說話，逕自帶我進糧倉裡去倒杯飲料，並引見我給當地的人士。才一下子，哈維又拉著我走到外面，看那團火球比剛剛又升高了許多，這才說：「是月亮，因為它飛上去，而不像太陽在這時候會沉下去！」哈維用鐵證（hard evidence）來為那團火球正名，他誠摯的表情令人感動！

哈維又拉著我走進他的住家，那間白色的大木造房子，大步跨上二樓，幾位攝影師已經準備開拍哈維和我之間的對談，他想記錄下來我們的實驗成果，尤其是對閱讀漢字是否也會有失讀症的案例呢？我告訴他漢字閱讀也會有失讀症兒童，而且比例和使用拼音文字系統做為媒介的地區是差不多的。他說：「那這是個生物的問題，而不是社會文化的問題囉！」我說：「是的，但後者使問題更複雜化了！」

我也告訴他，曾經有位會說華語和英語的新加坡人，他在英語學校讀書，很聰明，但卻有先天性失讀症的各項表徵（如閱讀速度非常慢、拼音常常出錯等），他的家長認為這是因為英文裡字形、字音要對應的規則太難的關係，於是請中文老師來教他閱讀中文。幾個月下來，發現即使學習漢字閱讀，他一樣有失讀症的問題。而且，現在越來越多的科學證據也指出，閱讀不同文字所用到的腦神經迴路其實是差不多的，從使用不同語文的人在閱讀該國文字所顯示的腦造影圖，就可看出一致性。

我在鏡頭前和哈維對談了將近四十分鐘，談得非常盡興，他思路清晰，提問的核心很準確，常能一語中的，而且對證據的比對很快，推理的深度也不亞於我所認識的一些專業科學家。但他是個先天性失讀症患者。我告訴他，先天性失讀症者絕不是沒有能力（disable）的人，只是恰好在一個他的基因不太能適應的認知系統裡，如果他出生在一個沒有文字的社會文化中，根本就沒有失讀症這件事。哈維對我的這番話頻頻點頭，抬起招牌手勢，翹起他的兩隻大拇指，說：「我就是要記錄你說的這番話，讓全世界的失讀症者了解，他們不是 disable 的人。」

他帶我參觀他二樓的住房，大部分都變成克難攝影棚了，各式各樣的攝影機架在各個房間裡，連小小的掛衣房四面都貼滿了海綿做為吸音器，錄音房就這麼簡陋，但他展示給我聽聽音響，效果真是一流。他的工作室更是誇張，四面牆壁貼滿簡報，從歷史上的名人（如達文西、米開朗基羅、愛因斯坦、畢卡索……）到現代的名人（如阿湯哥、約翰·錢伯斯、李光耀等），以及各式各類有關失讀症的科學研究報告，也有小紙條，有筆記本，記載著各地失讀症者所寫的信，其中還用紅筆圈出拼錯的字。

另外，他自己也做了很多個案的調查整理，包括事業有成的失讀症者，以及因為失讀症遭誤解而失敗的人。同時，他也訪問許多科學家，了解最新的大腦和基因研究，希望針對失讀症的病因以及處理方式，尋找有效的方法來幫助其他失讀症者。最後，他拿出一大本檔案夾，裡面分成十幾個章節，很驕傲的說：「這就是我的電影，你也在裡面噢！」

那天晚上，我們在大院子裡披著月光、吃現烤的牛肉漢堡，哈伯夫婦談笑風生，信心十足，但在甜點上來的時候，哈維說：「可惜我就是成不了一個 Spelling Bee*！」把大夥兒都樂歪了！哈維，你能正確拼出"Emmy Award"嗎？

＊編按：Spelling Bee 意指「拼字比賽」，近年來，有越來越多的美國孩子熱中拼字比賽，這群辛勤刻苦的小選手又被稱為「拼字小蜜蜂」。

第4篇

閱讀看門道

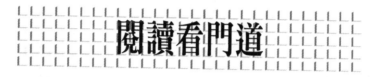

1 遠處的太陽正慢慢升起，照亮了我案頭的書！

不論讀者是心理學或其他學科的專業，都將因為這本書而開始對認真研究真正的心理學的人有所尊敬。

我做記憶的研究，主要在探討人類如何把學會的新事物儲存在腦中、存在腦的哪一個部位？將來要用這些知識時，以哪一種提取的方式最為快速而有效？為什麼會有遺忘的現象？老人的記憶在哪一方面比年輕人差，為什麼呢？是老化的生理因素造成過多的遺忘，還是一生有太多的記憶造成提取時的干擾，所以對從前的經歷如數家珍，而對眼前經歷的事轉眼就忘？

為了研究這些問題，且能準確的找到答案，我必須有設備良好的實驗室，裡面有高速的電腦來幫助呈現學習材料，記錄被測試對象的反應，並根據不同實驗的目的，變化刺激材料呈現時的各種狀況。有時候，受試者還要戴上電極帽，讓我們能測量到腦波的變化；如果必要，受試者就會被帶到腦造影的實驗室，透過功能性磁共振造影儀器，把他們在學習以及在回憶時的腦部活動顯影在電腦螢幕上。

很多朋友來實驗室參觀，他們總是說：「你不是個心理學家嗎？幹嘛要這麼多設備去做實驗?!」有的人更語帶揶揄說：「佛洛伊德只有一張沙發就夠了！」碰到這種情況，我總要費很多口舌去說明「實驗」心理學的研究方法，並引經據典說明實驗心理學家這一百多年來的成就。但如果一開始我的介紹是：「我們是認知神經科學家，在做記憶的研究。」則大多數的參訪者都會認為我們是很「科學」的一群，在做「很了不起」的實驗。

詭異的是，我還是我，實驗室是同一個，設備儀器都沒有變，所做的實驗也相同，不一樣的只是「稱謂」而已。這是因為在一般人的心目中，心理學和科學是不搭調的，所以許多自稱為「心理學家」的議論是可以不必受到科學方法檢定的。但我要大聲疾呼的是，心理學真的不是這樣的！在各種場合，我都一再強調心理學是一門很嚴謹的「人」的科學，而我常聽到的反應是：「你做的這些實驗當然很科學，但你不是心理學家，你是認知神經科學家啊！」

其實稱謂並不打緊，真正的心理學在做什麼、怎麼做才最重要。多年來，我一直想寫一本科普書，把這一百多年來，心理學如何從沙發椅上的冥思走進實驗室的過程，做一個深入淺出的說明；並且把心理學自從進入實驗室後，如何對人的各方面行為有了新的了解，進而建立科學理論的成就，也做一些交代。但是很多事情不一定要自己才能做，很多時候就會有一些擁有共同理念的人搶先做了，而且做得比自己去做要好太多了。

《這才是心理學！》這本書就是一個最好的見證。作者基斯・史坦諾維奇（Keith Stanovich）是我多年的老朋友，我們同是美國心理科學學會（Association for Psychological Science）會士，他在研究閱讀與推理歷程的成就非凡。二十年前，他和我都在幾個重要的科學期刊上當編輯委員，我們在各自的學校裡也都教一門「研究方法與設計」課，碰在一起時，總會交換課程大綱與教學心得，都感到大學生對心理學誤解重重的憂慮。這些誤解反映出整個社會大眾與媒體對心理科學的無知，因無知加上誤解導致許多怪現象（如用指紋測智力，常用左手可以開發右腦潛力等），也容易因無知引起的不安而被有心人操弄，造成許多人間悲劇，耗費社會成本。

基斯說，他決心要寫一本書來「以正視聽」！他是劍及履及的人，所以，當我回台灣教書時，包裹裡就是他的第二版 *How to Think Straight about Psychology*。

這本書一出版，真的是「轟動武林」，因為幾乎所有大學裡教「普通心理學」的老師，都指定它為學生必讀的補充材料，大家期待已久的一本「訓練心理學學生有批判性思考」的武功秘笈終於問世了！也因為廣受歡迎，很快的在三年內就進一步更新修訂。

我帶著這本書，逢人必介紹，也用它來做為普通心理學的教科書之一。十幾年來，台灣很多心理學界的朋友被我的熱情感染，也用它來做學生的必要讀物，但英文書總是普及得不夠快，當時從香港回台灣客座教書的楊中芳老師說她願意把它翻譯成中文，讓更多的人可以閱讀。但是楊老師回香港後，又到廣州的中山大學創設心理系，從各項實驗室的建立、人才的引進、教室的規劃，一切從無到有去建設，又要張羅行政的各項措施，還要籌措經費好讓年輕的老師得以發揮所長，自己的研究更不能丟掉，我看她非常忙碌，實在不忍催她。

一直等到英文第七版問世，她由廣州傳來訊息，說譯稿已完成，要我為文推薦。我突然驚醒，再忙碌的人，心中有理想，就會完成它。為了這本書，她消瘦了，鬢髮亦轉蒼，但交稿的那天，我實在感動，她容光煥發，精神十足說：「喏，這才是心理學！」

我竟夜閱讀楊老師的譯稿，為這本書寫推薦時，心裡不再惦著要去介紹書的內容，因為只要讀者捧起書，我相信他（她）一定會為它精采的內容所吸引，讀完之後也一定會對「人」的複雜有所感觸，以後更會對心理學的各項報導，產生自發性的批判性思考。不論讀者是心理學或其他學科的專業，都將因為這本書而開始對認真研究真正的心理學的人有所尊敬。

人的實驗，遠比其他學科的實驗要難，因為人的個別差異很大，周遭環境的少許風吹草動、鄰近社區的文化變異，或臨場身心狀況的變化，都會導致實驗結果的誤差，所以正確知識的建立很難。但多年來，研究者兢兢業業，在一個又一個嚴格控制的實驗之下，確實也取得了相當的成績，終於贏得其他學科的肯定與尊重。美國科學院二十幾年前才開始有心理學門的院士被選入，而中央研究院在成立將近六十年之後，我才被選進成為第一位心理學的院士，可見一斑。

在整個人類知識的進展上，心理學必然會佔據越來越重要的位置，但什麼是心理學，一定要先弄清楚！我要向我的老朋友基斯·史坦諾維奇及他的書的譯者楊中芳老師致敬。啊！遠處的太陽正慢慢升起，照亮了我案頭的書！（《這才是心理學！》推薦，二○○五年四月，遠流出版）

2 太空漫遊記，地上沉思錄

克拉克預言似的見識，代表的是科學家在哲學反省的深刻思考中，那語重心長的警語與不厭其煩的提醒。

我還記得三十幾年前在台北西門町的電影院，看由克拉克（Arthur Charles Clarke）小說改編的 *2001: A Space Odyssey* 影片後的震撼。電影一開場，燈光全熄，一陣寧靜，在黑暗中，聆聽由四方傳來的交響樂曲（那時候，身歷聲音響剛剛才在台北街頭流行），感覺自己在浩瀚的太空中漫遊，同時樂音傳遞著一個又一個啟示，人類的智慧在鑼鼓聲中引爆，文明在急速的樂音中變成多樣多元，精神價值系統不斷凝聚又逐漸崩盤，人類的命運將何去何從？我們是否要永遠在期待另一個啟示的來臨?!

在那一片黑暗的電影院裡，也許我是那少數被電影的前奏曲牽動心靈的人之一，因為我在觀賞影片之前，已經讀過克拉克的《二〇〇一太空漫遊》科幻小說，是他的「大粉絲」之一；也因為崇拜他的緣故，我至今一直堅持在科普寫作的推動上。我相當認同他的想法，也主張人類文明因為科學思維的出現，已產生生命含義的質變，而這個變化的外顯現象，已經很容易從全球各地區科學知識落差所造成的生命落差看出來了。所以，克拉克預言似的見識，代表的是科學家在哲學反省的深刻思考中，那語重心長的警語與不厭其煩的提醒。

克拉克寫了很多不同主題的科幻小說，寫作的方式與格調也有很多變化，但他的「太空漫遊」系列，則是最受歡迎的作品。科學家對其中科學知識之精確感到敬佩，對其「未來世界」的預測及內容的幾可亂真，也往往感到不可思議，又覺得克拉克總是有能耐一言提出科技發展的前瞻視野，把科幻和科技實質進展之間的鴻溝都打破。

對非科學家的讀者而言，從書中所吸收的科技新知識，都是有一定的科研根據，絕非異想天開似胡亂製作的成品。例如，在《二〇〇一太空漫遊》中大領風騷的電腦模擬人哈兒（HAL），就是幾十年來大家一直推測，有一天會有但目前科學界仍無法創造的，一部既能思考又能自自然然對話卻沒有意識的「機械人」。這裡所帶出來的眾多問題是科學家和非科學家千年來對「人」看法的一些疑惑。如何詮釋「人之異於禽獸幾希」的「希」字？是思維嗎？何謂思維？什麼是自然語言？為什麼能打敗世界棋王的深藍（

Deep Blue）程式，不能轉換為對答如流的自然語言的理解（輸入）與說話（輸出）機呢？思維可以沒有意識嗎？說話、聽話不需要意識嗎？那，什麼是意識？克拉克在太空漫遊中創造了哈兒，但它是有缺陷的嗎？為什麼科學家努力了三十年，月球都上去了，DNA也解序了，但哈兒或超級哈兒（Super-HAL）卻還沒能出現？難道我們非要到木星（Jupiter）去找到那塊神奇的墨石——TMA2，老大哥——才有可能為我們解惑嗎？

除了太空，克拉克對海洋的嚮往，也是很令人稱奇的。他為了抗議英國的稅制，下半生就長居在斯里蘭卡的海邊。在那裡，他結合了世界的科學家，對印度洋的風貌（物理與生化條件、生物多樣性、地理與人文景觀等）做了相當深入且廣泛的研究。這些研究發現除了發表在專業期刊之外，也一一融入了他的許多小說中。

有人曾經問他，在那貧乏的斯里蘭卡居處，每天的生活很少變化，難道不會感到無聊嗎？他想了想，回答說：「是啊！如果你只能以家居的眼光看我在斯里蘭卡的生活，日復一日，甚少變化，那當然會很無聊。但是，你如換一副生物演化史的眼光看出去，則這小小島嶼上的生命力是變化多端的，生物多樣性之豐富令人歎為觀止，沙漠與海洋交錯的生命形式，落在各個角落，有科學想像力的人，則常常會有處處是學問的驚奇。這裡人種之雜，文化之多元，外人難以想像，而且還有史前人的考古遺跡，有了文化史觀的人在這裡可以時時有研究做，處處有故事可尋，我怎麼會無聊，怎麼會寂寞呢？」見證於他一本又一本科幻及非科幻小說，我們當然知道他在那裡一定活得又充實又快樂的！

隔了三十多年，重新讀「太空漫遊」系列，以為原先的心靈震撼一定會減低或消失。但事實不然，所有沒有解答的疑惑，仍然得不到解答，雖然科學的新知已經又翻新了好幾十倍。克拉克這一系列的太空漫遊，由一個星系到另一個星系，其間發生的故事，有如地球在外太空的一面鏡子，反映著人間世的種種複雜現象。真是天上有紛爭，地上有戰亂，所以有關生命、智慧、意義等問題，似乎上下都無解。真要求得答案，只有再往更遠處的天上天去漫遊，二〇〇一找不到，就到二〇一〇，再找不到，就到二〇六一，若還沒找到，就耐心等到三〇〇一那最後的漫遊吧，也許啟示就在雲深不知處呢！這絕對是個悲壯的旅程，更是個充滿期待的旅行，千百年來，當人們抬頭望日月、舉目尋繁星之際，每一次的幻想漫遊，不都是充滿了羅曼蒂克的情懷嗎？

日本東京的國家科學館，有一個太空漫遊的模擬室，以四面環場的3D影片，配合座椅的搖擺與震動，讓參觀者經歷太空船漫遊星系的經驗，非常逼真，是參觀人潮最多的地點。影片一開始，有一句話是很貼切也很確切的：「太空的神秘，是一切科學的起始！」真是講得太好了。黑夜白天分陰陽，浩瀚繁星現文明。幻想沒有止盡，科技一波又一波的躍進。克拉克曾提出太空傳訊的構思，如今已是人間常事（識）了，對這位先知科幻大師，我總是以膜拜的心情在讀他的小說！

最後，我還是以他的話來結束這篇序吧：「科幻作家不是要預測未來，而是要防範未來！」（【太空漫遊四部曲】推薦，二〇〇六年十月，遠流出版）

3 台灣文明表徵的基石

一個國家的文明程度，反映在其科普書的品質與數量。以這樣的標準看台灣，我們就會感到一絲驕傲。

科普寫作不是一件容易的事，因為要寫得好，作者除了要具有豐厚的專業知識之外，更要有好為人師的熱情，也就是說，永遠要不停的問：如何才能讓讀者了解手上這些新近的科學知識？如何激起他們的好奇心？如何讓他們看到核心問題的本質？如何讓問題的困境形成懸疑？如何展現科學解題歷程中的美好推論？如何讓讀者看到好的科學家就是會在眾多的可能性中選對了方向？如何讓學生體會在各方的研究者一齊搶灘的環境中，終能捷足先登的快感？還有，要如何鋪陳人類文明進展的史觀，使讀者感受到科學新知的喜悅之情？當然，寫作的文采，更是使科普著作能感動讀者的最基本元素。

所以，夠難了吧！這麼多「如何」「如何」的！但也因為難，才顯現出科普推動者的可愛與可敬。尤其在台灣，科普推動者的獎勵是很小的，學院派的人不會加以肯定，作品的行銷也大多數是叫好不叫座的情形。所以台灣的科普推動者，一直是以幹革命的精神在發起各式各樣的運動，而且數十年如一日。同樣的人，以從不衰減的熱情，辦研討會、辦刊物、翻譯國外好的科普作品、寫推薦文，有時候更自己下海寫科普文章、創作科普書，在商業取向的媒體環境中，獨樹一幟的存活著。台灣因為有了他們，才能在亞洲的出版業中，被公認為是較有氣質與品味的文明地區。

其實，一個國家的文明程度，真的是反映在其科普書的品質與數量。我旅行到各個不同的國家，一有空，就會去逛當地的書店，我一定會去瀏覽科普書的區位，翻翻它們的內容，看看它們的樣式，很快的就會感受到這個國家的國力到底有無可取之處。如果走進一家書店，裡面充斥著各種八卦雜誌，卻無一本科普作品，你當然就會曉得，這個國家大概屬於文明落後的國家，而其人民的素質，也就不會高明到哪裡了。

以這樣的標準看台灣，我們就會感到一絲驕傲，雖然科普書的原創作品不是很多，但只要是國外科普書的精品，一定可以看到中文的譯作，而且字體的安排與封面設計往往比原著還講究，更為美觀。很多新加坡、香港、馬來西亞的朋友，每來台灣，一定要我陪他們去書店買書，他們對台灣的科普譯作讚不絕口，總以為我們的市場竟然能供得起這麼多好的科普書，台灣的精神文明之素質絕對是非常好的。我當然會把出版業苦難經營科普書的狀況據實以告，但他們總是說：「只要存在，就有文明。」而且一臉羨慕的表情。我回頭去看看這麼多科普的譯作，感到他們講得沒錯，只要存在，就有文明。至少我和我們眾多推動科普的朋友，為了台灣的文明，確實是盡了一份心力了！

物理科學是人類文明史上最有成就的知識展現。這近百年來的研究成果，把人類的眼光推向宇宙的邊際，也改變了人類對時空的思維方式，使人類因有知而能超越原始的恐懼，更因了解知識的有限，而對自然充滿了敬意，自己更為謙卑。

這些成就當然值得慶賀。物理學會眼光獨到，選出了百本精采的物理科普書並請專人寫就書評，予以推介。我覺得這樣的科普運動，才真是展示了台灣文明的境界。我把這些書目來回掃描數次，發現這裡面還有好多本我還沒有仔細讀過，我想這個暑期，我一定會過得很充實了。暑假後，再看到我，一定會感覺我的氣質越來越好！（中華民國物理學會推薦100本中文物理科普書籍書評，二〇〇五年七月，中華民國物理學會出版）

4 昆蟲的一生即人的一生

當我打開這本昆蟲圖像大展的書時，我不但看到作者一生努力的成品，更能聆聽他對生命多樣性所譜的樂章。

台灣是個小島，從地圖上看，它就掛在浩瀚的太平洋靠近亞洲大陸的一端，就空間的比例而言，也許不那麼起眼，但這塊土地上所孕育的生命型態之多樣，卻是世界上所有的生物科學家一致稱道的。在一個幅員不是很大的海域範圍內，島上有東南亞最高的山峰，四周有直落萬呎之深的海溝，每年寒暖流交錯，各方向的季節風由遠處帶來各地的生命種源，都在這裡發展出不同型態的生命表現。

我記得我念小學的時候，自然課老師帶我們到阿里山去旅行，坐小火車從嘉義站蜿蜒而上，沿途老師指著窗外的樹木，不停的告訴我們，那是熱帶植物，那是亞熱帶植物，那是寒帶植物；那是闊葉，那是針葉。老師說：「生物多樣性，才是台灣被稱為寶島的意義！」我到現在都忘不了老師說話時那副驕傲的神色。

但多樣性不只是指類別的差異，它其實有更深的含義，即使在物質世界和生態世界的生存條件是那麼極端的不適當下（如極冷、極熱、極高壓、疾風不斷，或極硬的石頭縫邊），都仍會找到各種形式的生命，這種彈性與韌性，才是生物多樣性的精義之處。能欣賞生物多樣性的人，才真能體會生命的可貴，才真能理解民胞物與的情操而有天人合一的境界。

所以，當我打開《李淳陽昆蟲記》這本昆蟲圖像大展的書時，我不但看到作者一生努力的成品，更能聆聽他對生命多樣性所譜的樂章。每一種昆蟲對他而言，都不只是一種要被標示的昆蟲類而已，他親近牠們，了解牠們的生態環境，記錄牠們的生活故事，待牠們如至親好友，所以他才能感受到昆蟲之間的情感世界。他大膽的把這個想法寫出來，對持傳統的「人才是萬物之靈」觀點的學院派學者而言，也許會帶給他們些許震撼，他們當中有些人或許會為這些「離經叛道」的非學術語言感到生氣；或者，他們也有一些人會不以為意，認為李先生提出昆蟲也有情感的說法，只不過是一些業餘人員感情用事的喃喃自語罷了。

但我並不認同這些學院派的看法。我認為作者所觀察到的是昆蟲的生活體系，而那個體系是會因為其中組成分子的遭遇（例如死亡），使社會組織的平衡受到破壞。在恢復平衡的過程中，其他昆蟲的反應，就是最原始的社會行為的表現。所以就這個意義而言，我是會同情作者的說法的，當然我的科學訓練不會允許我做那樣大膽的擬人化陳述。也許我該羨慕作者無拘無束的直覺與直陳。我們為了客觀，就會把一些尚無法做到客觀的觀察拋棄，也許我們在研究的過程上，為了把洗澡水倒掉，卻把澡盆裡的嬰兒一齊倒掉了。李先生的這本書，真的一再引起我的反省！

一九七五年，生物界的大事是威爾森（Edward O. Wilson）出版了他最引起爭論的一本大作《社會生物學》（*Sociobiology*），企圖把類人類社會行為的觀念，帶進動物行為研究的範疇裡，甚至把「犧牲小我，完成大我」這樣高貴的情操套在蟲蟻的行為中，試圖解開「自私的基因」的桎梏。書剛問世時，學界對威爾森的看法，也立即有兩端的反應。反對的人認為他在證據不完全的時候就癡人說夢話，有失科學家的立場。但贊成他論點的人也不少，他們認為威爾森敢言人之不敢言，而動物行為的研究如果只著重個體在生理解剖上的描繪，就不如到博物館去看死的標本，只有把動物和動物（同屬性或不同屬性）之間的互動關係，放在社會組成的架構去了解，才能看到動物的生活型態，也才能感受到牠們愛恨交集的生命表現。經過多年的努力，威爾森的社會生物學終於成為科學界的一門顯學了。他前幾年連續幾本書都已經提到「人」性的層次，罵他的人仍有，但已經是少數中的極少數了！

所以，我讀李先生一則又一則的昆蟲生活記事，我是以社會生物學的觀點來欣賞的，一點也不會感到他認為「昆蟲也有智能，會思考；有感情，會猜疑；會健忘，也會發脾氣……」是一些「異想天開，匪夷所思」的看法。我其實還可以加上，昆蟲也會「欺騙」（也許說「偽裝」會使學院派的人舒服一些），也會有「誘蟲入彀」的奸詐行為哩！

最喜歡看到李先生操弄自然界的一些事物，再去觀察昆蟲行為的變化，以作為論證的數據，他把田野當做實驗室的做法，與生態生物科學的作為，基本上並無二致。他的故事更有趣，而且就發生在我們的附近，所以讀來更為親切。我真的很喜歡這本書，對李先生真是充滿了敬意！（《李淳陽昆蟲記》序，二〇〇五年三月，遠流出版）

5 知識小說的震撼——Mike, You Did It Again!

科學原要帶我們遠離人類原始無知的恐懼，卻常常被用來製造對未來仍然無知的恐懼。

去年耶誕節，一位學生送給我一份禮物，是小說家麥克・克萊頓（Michael Crichton）的新作，上面附了一張小卡片，寫著：「科學原要帶我們遠離人類原始無知的恐懼，但科學卻常常被用來製造對未來仍然無知的恐懼；什麼才能真正讓我們脫離恐懼，科學嗎？」這幾句話讓我對克萊頓取名為《恐懼之邦》的小說真是充滿了好奇，尤其，兩年前奈米機械人集體入侵人體的小說《奈米獵殺》才讓人驚魂甫定，我很想知道，這回，創意十足的克萊頓又要帶來什麼話題。

利用元旦假日的那個週末，終於把這本將近六百頁的小說，無暝無日一口氣讀了一遍，包括克萊頓本人在小說結束後對氣候變遷與環保議題的深入思考。真過癮！很久沒有這麼過癮的閱讀一本小說了。麥克．克萊頓再次出擊，果然不同凡響，又一次震撼輿論界。在〈京都議定書〉生效的前夕，他居然發表了這本質疑「氣候變遷災難論」的小說，引經據典，利用小說的情節，故事裡的人物，義正詞嚴的駁斥那些我們已經耳熟能詳的災難理論。怪不得小說一出來，就引起兩極的反應。極端的環保人士恨死了這本小說，因為麥克毫不留情的指控他們是為了維護利益（或達成某個政治正確的目標）而經常有意曲解氣候變遷的數據，甚至不惜製造「恐懼」的預測，以收取更多的捐款；另一方面，則有越來越多的讀者，因為讀了這本小說，而漸漸從生態災難的迷思中清醒過來，願意傾聽另一種觀點。當然也有一些研究氣候變遷的專家，讀了小說後，一開始義憤填膺，但仔細想想後，科學的訓練使他們走出長久以來被媒體渲染所養成的制約恐懼的氛圍，終於能摘下有色眼鏡，對手中數據的詮釋，有更中立、更審慎的思考了。

我一打開小說，就被書裡的氣氛所吸引，故事裡的人物像「○○七情報員」電影裡的凶狠角色，但故事裡的情節卻充滿了實實在在的科技新知，尤其小說裡對海嘯（tsunami）形成的原理，與可能被引爆的過程，都敘述得那麼清楚可信，顯見克萊頓在下筆寫這本小說前的準備功夫做得多麼周詳，對其科學原理真是了然於胸，而且他精心營造的懸疑之情，也使我對結局更加憧憬。雖然，在小說裡，海嘯的巨大災難並沒有形成，但對我這個在電視上目睹東南亞海嘯的讀者而言，聯想到的畫面是真的很恐怖的。

沒想到小說裡那豐富的知識內涵會帶給我那樣大的震撼，我不得不被克萊頓的飽學多識以及就事論事的執著所感動，他的用功與對文獻的掌握，絕非一般的科幻作家所能及，而且他甘冒大不韙，「敢」在全世界都在大喊「溫室效應」的時刻提出異議，也真是勇氣可嘉，令人敬佩。所以我很用心的在讀這本小說，不但邊看邊做筆記，而且對書裡一再出現的各種數據與各類圖表，不停的比對及思考它們的含義，甚至還經常上網去把書中所引用的一些原始文獻，詳細閱讀一遍，以確定克萊頓在小說裡的說法是有根有據的，而且我也很認真的把他所提到的有關氣候變遷的科學爭議，做了一番整理。果然發現，科學界對氣候變遷的災難說法，其實仍然是有很多存疑的，因為在我們的短暫生命中，對氣候變遷的起伏，很容易因身歷其境而感到意義重大，但若把時間拉長放遠，看千百年來的氣候變遷，則眼前小小的起伏，也許並不值得大驚小怪。這讓我想起王陽明寫的一首詩：「山近月遠覺月小，便道此山大如月；若人有眼大如天，便道山高月更闊。」

一個半月前，我到美國新墨西哥州的聖塔菲市開會，會議期間抽空到北部的印地安保留區參訪安那薩西（Anasazi）族的考古舊址。這個族群在一萬多年前曾在該地建立了相當先進的文明，他們住在大大小小的山洞裡，農業、畜牧、教育都很有成就，但在八百多年前，這個小王國突然瓦解，居民拋家棄洞，不知所終。考古地理的科學家告訴我們說，他們離開的原因是氣候長年乾旱，五穀不生，吃不飽，只有出走了。

同樣的故事發生在中南美洲馬雅文明，科學家發現，他們也可能是因為長年乾旱而離開所建造的帝國，如今只留下金字塔狀的古蹟，供現代遊客憑弔膜拜。所以，當我們在關心地球持續加溫的現象時，也許我們應該問兩個問題：我們現在的氣候比八百年前更熱嗎？還有，我們現在的熱和八百年前的熱會有同樣的含義嗎？

另一方面，我們應該都還記得，三十幾年前，科學界不也傳說地球即將進入小冰河期了嗎？那時候，我們只關心北極的冰原是否會增加，哪知道現在忽然反過來擔心北極的冰山是否會因氣候變熱而融化變小，使海水因而上升呢？也憂心格陵蘭島到底會變綠（天氣變熱了，樹多了）還是會變白（天氣變冷了，雪更厚了）呢？

說真的，這本小說絕對可用來做為學習科學方法最有效的補充教材。它一再提醒我們科學是不完整的，而不完整的知識體系，太容易被斷章取義，用來製造恐懼。最可怕的是，科學知識雖然不完整，但因為它們總是被包裝得次序井然，又是數字，又是圖表，整整齊齊的，就比較不會有人去注意到測量的準確性等問題。比如說，我們對「環境」的歷史知識並不完備，對用什麼方法才叫「保護」，往往也言過其實；又如對下一百年地球溫度的計算，科學家的電腦模擬，誤差可能會高達百分之四百，但常常看到某一方人士提出一個計算出來的數字就緊咬不放，絲毫不顧其不準確的特性。

《恐懼之邦》是克萊頓的第十四本小說，嚴格說來，如果要以一個詞來形容他所有小說的獨特之處，則以「知識」兩個字來加以表達，是非常恰當的。他的每一本小說都點出了科技知識在某一個領域的展現。他的能耐就是把複雜的概念，用很生動的故事表現在現代人的生活情境中。這些知識的巨大能量常常會令讀者感受到震撼的心情，但緊跟在震撼之後，就是一股不由自主的不安。這個不安非常真實，常常在小說看完之後，仍然在腦海中盤旋，總覺得書中所提的科學預測，即將發生在現實世界中。而最令人感到驚奇的就是，克萊頓小說中所描繪的場景，竟然真的就在現實世界中一一呈現。

讀過他在一九六九年出版的《天外病菌》（*The Andromeda Strain*），對前幾年發生的伊波拉病毒及SARS病毒所引起的恐慌，應該就不會感到陌生，對P4實驗室層層防護的措施，也就不會感到過分繁瑣與冗餘了；此外，《侏羅紀公園》雖然是異想天開，但隨著基因複製的技術越來越精進，我們誰也不敢說，那些猛龍一定不會從銀幕奔向人間；《奈米獵殺》的奈米機械人又何嘗不是如此呢？二〇〇四年十二月初《恐懼之邦》出版了，而年底在東南亞海域上就發生了強大的地震，與排山倒海、殺人無數的海嘯大災難。難道說，克萊頓真有預測未來的「天眼」嗎？

當然不是！其實，克萊頓對每一個他想深入討論的議題，都花費相當大的功夫，很努力去建立一套完整的知識體系，而他預測的準確性，就是那個知識體系的自發性表現。也因為如此，克萊頓的小說每一本都充滿了知識的魅力，做他的讀者，很幸運！

Thanks, Mike, you did it again!（《恐懼之邦》推薦，二〇〇五年六月，遠流出版）

6 記憶「羅生門」

記憶是一個重新建構的過程，不停的按照後來加上的訊息去修改前面的「真相」。

影響本世紀的三大理論——馬克思的社會主義理論，佛洛伊德的精神分析理論，達爾文的物競天擇理論——到現在為止，一個已經倒了，整個蘇維埃和東歐共產國家，像骨牌效應一樣分崩離析，在下一個世紀裡，馬克思主義將變成一個歷史名詞；另一個正接受著嚴重的考驗，本書就是對佛洛伊德的精神分析的基本核心——壓抑——提出革命性的挑戰。惟一屹立不搖的是達爾文的進化論，它將帶領我們進入二十一世紀，在基因工程的主宰下，重新界定人與自然的關係。

《記憶vs.創憶》這本書的作者伊莉莎白・羅芙特斯（Elizabeth Loftus）教授是我的朋友，我們曾經一起開過會，共同參與美國聯邦政府審核研究補助費的小組會議。當年，大家對於實驗心理學家走入應用心理的領域非常不諒解，覺得她自貶身價，去法庭作證，蹚這個混水。但是在這本書中，她將自己從實驗室的象牙塔中走出的心路歷程交代得非常清楚，一個研究者的確有將研究成果回饋社會、造福人類的義務。她看到了當時壓抑記憶所引發的黑旋風像瘟疫一樣，被掃到者莫不身敗名裂，家破人亡。在哀鴻遍野、有冤無處申的情況下，她毅然決然的跳下這個火坑，出庭作被告的證人，將自己的研究方向轉向法庭上證人證詞可靠性的研究，我想她的精神是值得喝采的。這個領域在她的努力下，也打出一片天地。

其實認知心理學家早在一九三二年巴特勒（Frederic Bartlett）的「印地安勇士」實驗中，就明瞭記憶是一個重新建構的過程，而不是像以前的學者所認為的，如錄音機、錄影機把發生的事件忠實記錄下來的過程。巴特勒給英國的受試者看一個他們所不熟悉的美國印地安勇士的故事，看完後，請他們將故事回憶出來。巴特勒發現受試者會用既有的認知架構去解釋新的訊息，並將一些英國文化裡所沒有、他們不熟悉的事件合理化後，儲存在大腦中。因為記憶是個依據原有的認知架構去重新建構的歷程，因此，記憶是相當脆弱的東西，不停的按照後來加上的訊息去修改前面的「真相」。

同時，因為記憶中最有效率的碼（code）是語言碼（雖然影像、氣味等也是有效的提取碼，但是在入碼時，最有效的還是語言碼），而一九七二年布蘭斯佛和詹森（Bransford & Johnson）的實驗，又讓我們知道我們對語言處理過程是直搗深層結構的語義，而將表層結構的主動或被動句型及字序等很快的忘記。所以在法庭上要求證人重複當時兩造所說的話，其實是很不合理的，因為證人可能會記得兩造對話的語義，但其實是不記得雙方當時所用的字（exact wording）——這點我們平常在生活上也有體驗：小朋友吵架了，向老師告狀時，常常只說得出「老師，他罵我」，至於對罵的細節、用的字眼，其實是記不得的——加上人在目睹兇殺案時，緊張的情況下，對逐字逐句（verbatim）的記憶更是不真確。

很可惜的是，在這本書出版以前，沒有人將實驗室中的發現變成大眾可以懂的話，讓警察和民眾對記憶有個正確的認知。我們都對自己親眼所見、親身經歷的事深信不疑，完全不能相信同一事件竟然可以有許多不同的版本；《羅生門》這部電影能夠讓人一看再看、歷久而不衰，主要就是它點出了記憶的這個特性。羅芙特斯的這本書在這方面也很有貢獻，她把記憶的這個特質表達得很清楚。

當然囉，羅芙特斯這麼清楚地說明記憶是建構與重組的結果，其用意即在指出這整個歷程是多麼的脆弱，而一些號稱「被挖掘」出來的記憶則很可能是被外界訊息所引導而一再建構的結果。佛洛伊德式的分析學派治療者，必須靠刺激語言去引出病人最深層的記憶，但引導本身卻會造成病人「信以為真」的記憶。這個危險的弔詭對整個分析理論的實驗絕對是個致命傷，對那些被「前世今生」的說詞所迷惑的人應該也是一當頭棒喝！

唯有科學的真諦，才是解除疑惑的藥方。你說是嗎？（《記憶vs.創憶》推薦，一九九八年一月，遠流出版）

7 做個快樂的時空行者

每個人都可以憑藉著網路的連結，在越來越豐富的數位文化的典藏中搜尋遊蕩，上天下海，無所不能。

如果我有一部時空飛行器，我要去的地方可多的哩！毫無疑問的，我的首航一定飛向二千三百年前的埃及，到亞歷山大港的藏書庫，去拜見那一位在澡盆裡大喊一聲：“Eureka”的科學大師阿基米德，看看他如何辨認出國王純金打造的皇冠為何成色不足。在那個木造的智慧之城裡，我一定也會見到歐幾里德。喏！他正俯身在雕飾精美的桌上，在一張畫滿各式各樣幾何圖形的羊皮紙上比來比去，做什麼呢？在證明等邊三角形的兩個底角一定是有相同的角度嗎？

庫裡靜悄悄的，我走到一堆羊皮卷、草皮卷前，想找到希巴克斯寫的《星球圖誌》，心裡想著，要在這七十萬卷書裡找到一本書，不就像是海底撈針一樣困難嗎？不然！

這些藏書排列井然有序，分類清清楚楚的，我一下子就找到了天文類，又一下子就根據作者姓名的第一個字母，找到了這本紀錄完善的星象記事圖誌，果然是有耶！

我抄下了上面的星座圖，搭上了我的時空飛行機，飛往未來，來到了義大利拿坡里的博物館，那裡有考古學者剛挖掘出的擎天神大理石雕像，剛剛才被清洗出來，擎天神高舉的圓球上刻著天上的各個星座，我拿著抄寫下來的星象圖一比對，媽媽咪呀！一模一樣呢！希巴克斯的大作雖然隨著亞歷山大藏書庫的火災付之一炬，四百年後，卻透過羅馬王國的雕刻大師之手，把灰燼裡的智慧，重現在大理石雕上。這趟飛行，得見圖像原件，也一窺其歷經災難，卻又能浴火重生的景象，真是不虛此行！

既然來到義大利，就不妨調整時空的交會點，去拜訪達文西的故鄉，實地訪查一下這位大師家鄉的生活型態與風土人情，也許我可探知蒙娜麗莎女士為何笑得那樣神秘！當然我更要一一解開「達文西密碼」，看看達文西《最後的晚餐》的畫裡，那位站在基督耶穌右手邊的紅髮模特兒當真是女的嗎？聖杯真是基督耶穌子嗣的代號嗎？

乘著這部時空飛行機，我也一下子就到了東吳的江邊，看孔明如何借箭，然後再去赤壁的戰場，體認火攻連環艦隊的慘烈戰役。我去拜會了胖貴妃、瘦西施，隨孔子周遊列國，然後回到三千年前的台灣，和達悟族的祖先們乘船南下太平洋，一路航行到紐西蘭，成為毛利人的先祖鯨騎士。

其實，這不是幻想，這是全世界網路資訊大整合的必然成果。各個先進國家的博物館及圖書館的收藏，都在專家學者的共同努力下，逐漸完成了數位文化典藏的巨大工程。在共同的規格與標準之下，建立共通的聯合目錄，後設資料的詮釋與層次越分明，各個不同社會文化就越有機會連結在一齊，數據探勘的可能性就越強。歷史的事件，可以某一個片刻，異地同步的被分析出來，其綜合的含義，也就跟著被突顯了。研究者所建構的內容越準確，則重溫那歷史的片段也就越真實。

每個人都可以憑藉著手邊的筆記型電腦，經過無線網路的連結，在越來越豐富的數位文化的典藏中搜尋遊蕩，上天下海，無所不能。現代資訊科技所建構的平台，利用時間、空間、天候、語言四個主軸，整合全球的網路，形成一部如假包換的時空飛行器！

我以一指神功的能耐，輕點畫面，穿越時空，來到美國新墨西哥州的北部，看到了八百年前的安那薩西人正從他們所建立的穴居文明中消失在沙漠上，我終於知道是為什麼了！（《科學家死也要做的100件事》專文，二〇〇六年四月，遠流出版）

8 走出資優競賽的迷思

有些開始很好，但最後並不好，
但也有開始很糟，最後卻很好的。

台灣的教育對知識的表現是特別敏感的，因此，「如何評量出知識的高低」這件事就成為學校教學的重點，在大考頻繁、段考不斷的教育環境下，學生們若不能在身經百戰的體驗中變成考試能手，就會被錯誤的認定在往後發展的道路上，前途無「亮」！

是的，我在上一個句子中特別強調「錯誤的認定」，是有意發洩我對這整個社會把「績優」當做「資優」的唯一標準的不滿。因為教育界的研究者以及科學界的大老們，一方面口中討伐「唯智主義」的科學考試遺毒，一方面卻總是樂於擔任各種「資優」競賽的代言人，他們心中想的不外乎「發掘天才」越早越好，且「天才救國」論在經過知識經濟的迷人外衣包裝後，更添加了珠光寶氣的風光。

問題是，無論教育界或科學界，對「天才」的界定永遠是模糊不清的，也從來沒人好好檢討，到底這幾十年來各類奧林匹亞競賽金銀牌得主中，有多少人是成就非凡的？還是只有比一般「稍好」一點的成就而已？根據美國的統計數據，這些小時了了的「天才」雖不至於大未必佳，但充其量也不過是"so so"而已！

倒是有一項數據更值得我們關心。如果我們不要由「小時了了」去預測「大注定佳」，而反過來由後來的大成就去尋找他們小時候的人格特質，則我們看到的是，有太多的例子呈現小時「不」了了、大反而佳的型態。愛因斯坦當然是最明顯的例子，邱吉爾、畢卡索也是一樣，歷史上更充斥了像這樣的例子，哥白尼、林布蘭、巴哈、牛頓、貝多芬、康德，甚至達文西，以他們小時候的成績表現，是絕對進不了資優班的。

也許，有人馬上指出來，莫札特四歲就會作曲了，不是天才是什麼？但沒有人仔細去思索，他四歲時所做的曲子，有哪一首是流傳至今的？他後來的大成就，其實是建立在他六歲以後每年超過三千五百個小時的艱苦鍛鍊上。還有，莫札特爸爸培養兒子的苦心與不停的敦促，才是莫札特小時候有那樣顯著成就的緣由。當然，沒有人能否定莫札特一生的偉大成就，但那跟他小時候是否是天才絕對是兩回事，後天的訓練是不可以被忽視的。

另外，一個令人擔心的現象是，某一類能力資優班的設置，會造成某些具有潛力但尚未發揮、因之被屏除在班外的學生，從此不再從事該項可能有相當潛力的工作了。這種「標記」的反效用其實是滿傷人的，尤其心理測量有太多的不穩定性，更是「績優」取代「資優」的禍首，這樣的錯誤所造成的「機會」落差，才是社會不公平的緣由。因為太強調競爭，太早把學生分類，又無好的分類準則，使原本應該開放的教育平台，變成大多數學生望「台」興嘆的結果，這樣的反淘汰就讓教育失去公正性的真義了。

當然，績優生中一定有不少真正的資優生，及早找出他們給予更豐富的訓練，一定可以提升能力的品質，帶給這個社會更多的創意。但這樣的期待並沒有那麼如人所願。一九八○年代中期，美國有一個大型研究，定名為「重訪天才」（Genius Revisited），針對紐約市最有名的亨特學院之附屬小學（Hunter College Elementary School）追蹤其三十多年來畢業校友的事業成就。亨特學院附小創立於一九二○年，設立宗旨是要為美國培養未來的學術精英，因此，只收ＩＱ在一五五以上的學生，它也擁有紐約市薪資最高的師資，學校的設備更是一流。但這高級訓練營的成效如何？竟然沒有一位諾貝爾獎得主，也無普立茲獎的超級明星，而且在各個學術領域中，更無「家喻戶曉」的人物。整篇報告以「這眾多校友的成就還可以啦（simply okay）」，而且筆觸充滿了失望的音調。所以，

「天才兒童」不一定是「天才成人」，也不一定有「天才的創意」！

類似結果的報告也出現在其他領域的才能班中，加拿大安大略省（Ontario）的報告是針對運動員特別訓練營，結論是：「有些開始很好，但最後並不好，但也有開始很糟，最後卻很好的。」（Start good and go bad or start bad and end up good.）這樣的結論雖然令人失望，但卻一針見血戳破我們對資優班訓練營的期待。

當《數字高手特訓班》這本書的主編把譯稿交到我手上時，我花了兩、三天仔細研讀作者對數學奧林匹亞美國隊的成員所做的介紹，也對其反省數學奧林匹亞競賽的迷失留下很深刻的印象，但我最欽佩的是他能從觀察競賽的多年經驗中，去思考數學解題歷程中各項認知與心理的因素。何謂洞察力？何謂創意？有個別差異嗎？男生的數學能力真的優於女生嗎？什麼是先天的賦予？什麼是後天的養成？這些都是值得教師、家長、校長、教育行政主管以及高舉教育改革大旗的人士謹慎思考的問題。

我讀到好書就會反覆思索好幾天，這本書確實是讓我想了好幾天，才決定為它寫了這篇帶有很多個人意見的導讀，希望引起更多人對「過度強調競爭之負效應」有更多的討論。（《數學高手特訓班》序文，二○○七年一月，遠流出版）

9 智慧的見證

要了解人類的智慧，千萬不要看智力測驗是如何編的，真正要唸的是偉人的傳記與他們留下來的論著。

「人之異於禽獸幾希？」這是中學的時候，一位教我們自然科的老師，用斗大的字體在黑板上寫下的句子。那時候，我們全班同學被要求去寫出來那「幾希」的答案。大部分的同學都寫出「人比較聰明」的答案；有些同學的答案是「動物不會說話」，更有少數的同學說「動物不會算術」。老師給的標準答案是「禽獸沒有惻隱之心」，所以做人要有同情心，要孝順父母親，更要敬愛師長，愛鄉愛民。

我對這件事印象深刻，記憶猶新，是因為我的答案是：「人就是動物，他和禽獸是沒有差別的！」老師罰我在教室後面面壁思過一個小時，而在那一個小時內，我反覆思考，就質的考量上，怎麼想都想不出人性有比動物性更高明的地方。為了這件不接受教誨的事件，我被恩賜「潑猴」的渾號，以標示我「猴性不改」之事實。

幾十年後的今天，如果我面對相同的問題，我非但「猴性不改」，可能還會像莫里斯（Desmond Morris）一樣的大聲吶喊：「人本來就是個『去毛的猩猩』罷了！」但這已經不是那位中學生的嚷嚷而已，我是從許多動物行為專家和社會生物學家的研究中所得到的證據，來支持「幾希其實就是沒有」的結論。但是，人類的成就怎麼可以被忽視？有人發現猴子發明了火箭嗎？當然沒有；有人玩過猩猩製造的電動玩具嗎？當然沒有；有人讀過貓在打字機上（我家的貓最喜歡在鍵盤上遊走）打出的《哈姆雷特》嗎？當然，當然更要大聲的說：「沒有，沒有！」

然而，我們人類卻不得不自討苦吃的問：「現在沒有，那難道將來永遠不可能出現嗎？」我家的貓曾經在打字機上「亂踩」，卻踩出了 cat 那三個字母。所以，現在不太可能（not probable）的事，絕非是不可能的（impossible），理論上是如此，不是嗎？

這不是自找麻煩嗎？要在這芸芸眾生相上，去尋找智慧的根源，是否會永遠沒有真相呢？答案是可能不會有，因為我是比較悲觀的。而且心理學家花了一百多年，想建立「智慧」的模式，從一開始就注定要失敗。因為沒有一個科學家知道如何界定「智慧」這個概念，所以最後演變的結果，竟然是「在智力測驗上的成績，就是一個人的智慧程度」。但如果我們不知道如何界定智慧，又如何有智慧去設計智力測驗的題目呢？所以，心理學家又得收集各種能力測驗，然後發明因素分析（factor analysis）的統計方式，去自圓其說地說明這些因素就是代表智力的內在結構。研究者為了強化自己的信心，又提出建構效度（construct validity）的概念，以求理論的完美，而且再將隱含文化差異的題目一一剔除，達到了測試的普遍性。

然而這一切的努力都白費了，因為剷除了文化與生活的情境，那剩下來的智慧，大概也沒有什麼真正的用處了。事實也是如此，這世界上許多偉大的成就，往往和智力測驗上的高分沒有太大的關聯；而智力測驗上得極高分數的人，也往往不是能為社會的困境提出解決方案的創意人。

所以，要知道智慧是什麼，最好不要問心理學家，也最好不要從人性與獸性的區辨上去找答案。我們應該要從「成就」本身去界定智慧，我們要探求的是在某一個世代，在某一個社會文化的條件下，某一個人如何成功的完成了某一事業，他的經歷，他的言行，他的做法，他提出的理念，都不可能一樣的。但為什麼他們的論著會在當時受到注目而有那樣強的影響力，有些甚至隔了多少的時空，卻仍然在我們閱讀他的思維時，感到歷久彌新，而其中的字句仍然鏗鏘有聲？史金納（B. F. Skinner）這位行為主義的祖師爺說得好：「要了解人性，千萬不要讀史金納，真正要讀的書是馬克・吐溫的小說集。所以要了解人類的智慧，千萬不要看智力測驗是如何編的，真正要唸的是偉人的傳記與他們留下來的論著。」

圓神的這套【經典智慧】彙編，我實在很喜歡，閱讀這裡面的每一位人物和他們的論著，讓我對歷史有不同的感受。這些人物散居各個世代，也代表著不同地區的政治文化體系，他們以各種方式描繪人類文明的特徵，並且在反省與批判中，指出文明的各種困境，也試圖提出解決的途徑。詩人在貧苦中成熟，哲人在災難中變得深刻，而科學家卻能在簡樸的公式中，看到宇宙的規律之美。這才是智慧，活生生的智慧。只有閱讀這些論述，我才真正感知到人是動物，卻能擁有超越動物性智慧的那份驕傲。也因為我們有了這樣的智慧，我們才能體認我們的責任，就是使這個智慧永續發展。（【經典智慧】書系推薦序，二〇〇五年十月，圓神出版）

10 湧現台灣：維護多樣，追求永續

生命的方式不一定要一樣，變異才是進化的必要條件，數十萬年來，多少無法創新以克服環境變遷的族群都走入歷史了。

二〇〇三年我接下了「數位典藏」國家型研究計畫當總召集人，我花了好幾個星期和同仁們檢視前兩年由計畫成形，到研究平台的規劃完成，到典藏內容的收集與分類，才真正了解「台灣雖小，卻是個文化大國」的意義。

在這個計劃裡，我們只不過把政府部門的收藏品先做了一「小」部分的檢視與數位化，但這冰山一角的展示，就已經把其內容所涵蓋的那精采、多姿、多樣、多元的人類創造力展現無遺。當我有機會把數位典藏這幾年來的一些小小成就，帶到世界各國去和他們數位文化遺產的平台做比對，我不得不為台灣的歷史文化感到驕傲。

今年在美國洛杉磯的蓋提博物館（J. Paul Getty Museum）所召開的「數位文化遺產的

建構」研討會中，台灣的「數位典藏」研究計畫，和 American Heritage、Canadian Heritage Information 及 British On-line 同時被列為數位文化世界的重要成就，我們的數位典藏平台更被讚美為東亞文明的入口網站。這就是我文章一開始就宣稱台灣的土地在物理的角度上雖然很小，但其所蘊育的文化內涵卻在人類文明的向度上，代表著龐大精深的創新能量。

從科學研究的角度去看台灣的文明成就，則我們馬上就可以點出來其最核心的動力，其實來自多樣性所產生的自發性競爭力，而且在短短的五百年內，湧進了一波又一波帶著不同文化的移民潮，在有限的生活空間（小小的、可用的海邊、平原和山坡）裡交互影響著彼此的生活型態。這其間當然有明顯的相互排斥，但更多的是無形的融合所撞擊出來的文化多樣性，就成為這島嶼上生物多樣性裡的一項文明表徵。它的光芒，不但涵蓋台灣本島的各個角落，也影響了整個東南亞的海域。

如果你行船由台灣出發，沿著南太平洋各個島嶼航行過去，東到復活島，西到印尼峇里島，南到紐西蘭，你會聽到各地不同的語言，也許可以根據語言學對語言「無法互相溝通」（mutually unintelligible）的定義（如你可以聽得懂嗎？就是當兩個地方的人講的話互相聽不懂，如北京話和台灣話），則這個海域上會有超過兩百多種不同的語言。

如果把幾百年日常生活用語中的詞彙列出來，把它們的發音結構也標示出來，然後由高速電腦去計算分析它們彼此的相似及相異性，則這兩百多種語言就可以被歸納成大約十個左右的群聚。在這十個群聚中的語言分佈裡，有一個群聚集中在澳洲原住民的語言裡，而其他九個群聚的語言特徵和台灣原住民二十幾種語言中的九種語言是有親戚關係的。有學者甚至認為台灣原住民的祖先，就是南島語群使用者的祖先。

所以我說台灣雖小，影響層面之大，以幾千年來台灣向外移民從不間斷，在世界人群的分佈圖上，佔有非常重要的意義。再證之今天台商的分佈圖而言，就更是無遠弗屆了，而且都在當地發揮無比的經濟影響力。

除了能量的外放，台灣對外來文化的吸收能力，也是很值得稱道的。只要看宗教的多樣發展，就可體會這塊土地上的人文史觀錯綜複雜，卻又能相安無事，實在是很了不起的一項成就。想想中東的烽火遍地，南斯拉夫的分裂戰亂，北愛爾蘭隨時可爆發的宗教對立，就會更欣賞台灣對不同教派的祥和態度。

這些年內，台灣的工廠和工程的重大建設團隊裡，雇用了大量外來勞工，在學術研究及高科技的生產線上，也有很多外籍的高階科技研發以及經理人才。他們在台灣的生活，最無隱憂的就是表達自己的宗教信仰，不但能找到禮拜的場所，最重要的，不必因為宗教信仰不同，而有被歧視的感覺。這一點和他們在其他國家做事的感覺相當不一樣，他們有時候更會覺得台灣的人民反而是因為他們的不同宗教感到好奇與敬意。這種尊敬多元的心意，其實是深埋在台灣多樣性的文化表徵中。

當然，台灣除了能融合各式各樣的文化及思維方式外，更了不起的是它總有能耐把原有的內容精緻化，同時能很快的結合本土的特色，為該舊有文化創立新的風貌，看看「漢唐樂府」的成就，看看霹靂劇場如何把傳統布袋戲變成世界上無出其右的動畫及電影；嘗嘗台灣的各國菜餚，有的比義大利更義大利，比日本料理更沙西米，到處泰、越、緬，遍地江浙廣東與湘川，上海小吃林立，北京烤鴨比全聚德更是少了好多卡路里。這也是台灣文化多樣性中的一項特色：外來與本土的相互切磋，磨練出更多采多姿、品質極佳的台灣風味！

我因為職務的關係，常常要接待由世界各地來的科學家，也因為個人喜歡在山林裡遊蕩，所以每次有同好的科學家來，就會一齊去爬山、涉水、看人。有一次，德國來的一位植物學家，和我一齊由台北經由北宜公路到宜蘭，一路上他常要我停車，然後到兩旁的樹林內去尋找不同品種的樹蕨，結果走了一整天才到宜蘭，我從九彎十八拐下來時，已經精疲力倦，這位科學家卻喜孜孜的拿出一路上的筆記，宣告這裡大概有上千種的不同樹蕨，值得科學界重視，對於台灣這麼小的一塊地，居然有這麼可觀的生物多樣性，表示嘆為觀止！

同樣的故事，發生在另一位美國西雅圖華盛頓大學來的認知神經科學家身上。他來參訪我們實驗室，交換彼此對腦與認知關係的一些看法，當然也報告他們實驗室最近所做的研究成果。他想看看阿里山，我請學生陪他去了一趟。回來時，我去接他，他多出了一個新購置的背包，裝得滿滿的，我以為他一定買了很多紀念品，到了旅館房間，他打開背包，乖乖，竟然是各式各種的野菇，是他在山路裡找到的，當然就要在廚房煮來吃。

他看我猶疑，就一再保證沒有毒，因為他是有證照的業餘菇類鑑定者。我當然陪他喝了幾碗真是鮮美的湯，而且到現在還活著。但對他臨走的幾句話，至今不忘：「在台灣阿里山區的小小地方，寒熱帶生物多樣性之豐富，令人印象深刻！如何保存與維護，是台灣人的重大責任！」

也許我們不得不問一個問題了：這物理、生物、人文的多樣性給台灣什麼啟示？從自然地理的角度而言，台灣在小小的範圍內，高山林立，西海岸有沙灘，有礫石灘，有珊瑚礁，也有鹽層；東海岸懸崖峭壁，深海急流，又有地震，又時有颱風，但台灣卻能在如此惡劣環境中蓋起了一〇一大樓且屹立不搖。此外，西伯利亞的冷風，刺骨的來到這裡，寒流帶來了大量的漁產，烏魚子更是舉世有名，暖流也從南方的海域帶來了各式各樣的熱帶魚。如果有機會到南部台東附近的綠島，深入幾百公尺清澈的水域中，可以看到無數顏色鮮麗、紋路美不勝收的游魚，清爽自在。生活在這塊小島上的人們一定會感受到自然的變化神奇無窮，生命在各個困苦的情境中都能存活的啟示。

其實，生物演化的最明顯現象就是，生命的方式不一定要一樣，變異才是進化的必要條件，數十萬年來多少無法創新以克服環境變遷的族群都走入歷史了。唯有懂得敬重以結合多元為主軸的自然規律的社群，才有永續發展的可能性！

台灣得天獨厚的多樣風貌，對科學研究而言是無比珍貴的素材，對文化省思者，則可看到人類文明中創新求美的動力，但對生命的永續而言，最重要的還是在於培育多元、尊重差異。如此，才會感到台灣湧現在東南海域中的歷史意義！（《科學人》雜誌・〈多樣性台灣〉特刊，二〇〇六年九月）

11 達賴喇嘛這個「人」

他從不逃避，他務實且開明，他的對答又風趣、又得體，對維護人類福祉的期許，真誠感人！

達賴喇嘛這個名字所代表的這個人，引起我好多不同的聯想與問題。首先，我一直想知道，一位命定為神靈的小孩是如何長大的？我說的當然不是指肉身的成長，因為那是生物面，很難有哪一位超凡入聖的「神軀」可以逃過生、老、病、死的大關，這是任何一個宗教信仰再深的人都無法打破的定律。所以我的問題是有關心理層面的，也就是說，達賴喇嘛的成長過程中，曾經歷過從童年到青少年到成人到老人的各項所謂「認同危機」（identity crisis）嗎？他一生的角色已定，在嚴謹的教義與生活規範中成長，不必去尋求「我是誰？我是什麼？」（who and what）的解答，那他曾經有過青年期的成長風暴嗎？

從他眾多的傳記中，其實不難看出他的認同危機很少是個人的，而是族群的，他的「我」是「大我」，他的認同是文化認同，而危機其實就是外面險惡的環境，正在摧毀他的這兩個認同。可是他仍然談笑風生，倡導世界和平，推動普世的公平與正義！

其次，達賴喇嘛讓我想到眾星映月的景象，讓我不得不充滿好奇心的問：為什麼那位好萊塢專演花心大少爺的明星李察・基爾會那麼虔誠的敬奉這一代聖僧，甚至為了挽救被漢文化一再侵蝕的藏族文明，不惜得罪鴨霸的中共政府？從《軍官與紳士》到《麻雀變鳳凰》到最近的《芝加哥》，基爾在數十部賣座奇佳的影片中，扮演了好人、壞人的各種角色，他應該也從這些戲說人生的體驗中，對人世間的各類人物有相當深入的理解與成見；他走遍全世界的大城小鄉，對各地的社經文化，也有相當寬闊的視野。達賴本身，若無超出常人的真知灼見，如何能使這一位閱歷甚豐的銀幕紅人表現出衷心信服的敬仰神情。

其實，不只是李察・基爾，數十年來，世界各文明先進國家的高級政要及大學裡相當多的知識份子，對達賴喇嘛的言行一直是很推崇的。我讀了不少世界各地資深名記者對他的訪談稿，有些問題還真是問得相當尖銳，但是他從不逃避，他務實且開明，對過去藏族文化中階級的不公深切檢討，對西藏爭取文化自主的目標從來沒有放棄過。他的對答又風趣、又得體，對維護人類福祉的期許，真誠感人！

再說，達賴喇嘛讓我想起去年十月他應邀在美國神經科學學會的年會做主題講演的事件。那時候很多研究生命科學的科學家，包括我在內，都在問一個問題：他會贊同達爾文的演化論嗎？他在演講中並沒有直接碰觸演化論的問題，但顯然的他非常了解這個問題對基督教創世紀論的挑戰，也很清楚科學對生命的各種現象，也能更有系統的掌握基因傳承與突變的機制。他認為宗教不必去干預這些生命的探究，反而更應該鼓勵科學家對生命的本質，要有更精細的描繪，然後把「設計」的問題，留待宗教的討論。所以他勇敢加入神經科學家對「意識」與「智慧」的研究工作，以現代高科技（包括腦波、腦造影）的方法去界定如靜坐、冥思、入定等不同意識狀態的生理特徵。他希望用科學方法解開世俗的神秘面紗。我真的覺得他是個很有智慧與勇氣的人，他的自信是那樣自然！

最後，達賴喇嘛讓我不得不聯想到剛剛完成通車的青康藏鐵路。我的問題也不得不帶有哀傷的口吻：「鐵路通了，火車來了，觀光客一波又一波的湧進，那拉薩能保持它獨特的傳統風貌嗎？」我想問的是：「中共摧毀不了的藏族文明，會在火車的嗚嗚聲中產生質變，成為僅供觀賞的圖飾與布景嗎？」

幾年後，還有達賴喇嘛嗎？（《影響世界的偉人——達賴喇嘛》序，二〇〇六年十一月，聯經出版）

12

動人的生命演化故事

生命科學的進展在全世界有目共睹，但在台灣眼見耳聞都是醫藥、科技、產業，少有人從基因談到人類的演化歷史。

「心智大爆炸」發生在五至七萬年前，使人類的演化就此改觀，從此時此刻因感官肢體的活動而感知的存在，進化到有能力緬懷過去、體認現在並可計畫將來的認知意識狀態。這樣的想法並不新鮮，卻是本書《心智簡史》作者威廉・卡爾文（William Calvin）近年來常常掛在嘴邊的說詞。

兩年前他來中研院參加「演化與語言變遷」的研討會，在做主題演講時，PowerPoint 打出來的第一張投影片就是"The Big Bang of Cognition"，接下來當然是「大爆炸」前後人類生活型態的比對，從生理（腦的容量與結構的變化）、使用的石器、「創造」的工具、獵食的行蹤與方式、可能的社群生態（例如由小灶到大灶）等等，去說明人類的生命有了跳躍式的提昇；他尤其對五萬年前這個時間特別重視，因為人類的智慧就在那「瞬間」起了變化，而那個變化使人類掙脫了時空的限制，終能擁有不受物理和生理世界所操控的心靈世界。

我一直相當認同卡爾文的說法，不只是因為他在早期的一本書 *The Throwing Madonna* 中，引用了我的時間機制來解釋腦的側化（cerebral lateralization）現象，而是我這幾年也對洞穴裡的畫作一番思考，因為在我所做語言與腦關係的研究裡，文字的出現是把人腦的儲存功能外移的一種表現，而五萬年前開始出現的洞穴畫，其實就是這個腦功能外移的歷史源頭。這裡有幾個問題值得思考。

第一，把眼前的事物畫下來，就可以下次再來看，別人也可以從遠處走過來看，因此，溝通交流的方式也不再受限於說話可以傳到的範圍，時空的禁錮都給衝破了。

第二，從五萬年前開始的畫，內容也有所改變，除了顏色的增強可能伴隨著對美的欣賞漸有提昇之外，畫中動物與物件的安排隨著時間的演進，出現了「精心」安排的佈局。也就是說，畫的內容由靜態的描繪（depiction）到有「意圖」的特別設計，可以看出人類的心智活動已由「計算」進展到「算計」的階段了！

第三，洞穴裡的畫越來越有故事的象徵性質，而且不同的人看畫，竟然會說出相似性很高的故事內容，意味著由抽象的概念轉成具體圖像的共通法則已經確立了。有了這些共通法則，則畫意是可以流傳的信念也建立了，人類追求的已不是此時此刻，更重要的是不朽的境界了！

最後，這些畫真的是起源於五萬年前嗎？六萬年前的人不會畫、不「想」畫嗎？這有三個可能性：有畫，但沒有保存下來；有畫，也保存下來，在某個還沒被發現的洞穴裡；真的，六萬年前的人，還沒有發展出畫畫的心智能力。

這三個可能性，第一個最不可能，因為六百萬年前的人造事物都被保留下來了，六萬年前算什麼?!第二個可能性也不太高，因為只要保存就會被找到的事實，在考古人類學的領域裡，一再被證實，尤其是在多處的洞穴畫被找到之後，許多業餘的人士都加入專業人員的行列，深山、海邊都尋遍，找到更多的洞穴畫，就是找不到六萬年前的洞穴畫，所以，五萬年前這些突然湧現的畫，真的是前無古人的創舉。

我想所有讀到我對卡爾文心智大爆炸理論所延伸的想法的讀者，一定想去碰觸另一個核心問題，那就是，什麼事情發生在五至七萬年前，使人類心智就這麼引爆了?!卡爾文在這本書中，收集相當多有科研憑據的故事，一一道來，令人神往。我真的很希望我們的學生都能仔細聆聽這些故事，對生命有所認識，對自我的成長就會有期許了！

我不常看電視，但有時候在朋友家，偶爾也會和朋友一齊觀賞電視上的節目，我發現很多人喜歡看國家地理頻道及Discovery頻道的節目，尤其很多考古、歷史、科學發現的節目都很受歡迎，但是喜歡歸喜歡，我們的考古系卻乏人問津。難道這全然是功利主義的表現嗎？我想也不盡然，主要是學生們在一味考試的升學壓力下，很難培養出對考古人類學深切的認識，他們平日的閱讀也很難有機會把考古當作人生的志業來考量，出版界也很少出現相關的著作與譯本，所以，台灣的學生在人類演化的知識，真的是非常貧乏。

這些年來，生命科學的進展在全世界都有目共睹，但我們在台灣聽到的、看到的都是醫學、科技、產業，很少有人從基因談到人類的演化歷史，這當然反映出台灣生物科技界的功利面，但更顯現出整個學界對文化的演化和基因的關係似乎是不太關心的，或者說是沒有足夠的科學文化背景去理解其重要性。

卡爾文的書一本比一本更受到讀者的喜愛，最主要的是他能說很動人的生命演化的故事，又能把嚴謹的科學發現，用生動的日常語彙來加以說明，尤其在一些關鍵的科學發現上，他對其和人類演化之間的關係，總能一言中的，令人深思。我們真的要多讀他的書，不但能持續得到新的科學知識，更能在人類如何演化成為現代人的問題上有所理

解，對未來人類的知識走向，也會有一些警覺！（《心智簡史》推薦序，二〇〇六年七月，久周出版）

〈附錄〉

REMEMBER THOSE GOOD OLD POLA DAYS

I don't remember whether I first saw it in Autumn or in Spring, or possibly in Winter, but definitely not in Summer because all of the us wore heavy jackets on that particular day. The little wooden building, which housed the Project on Linguistic Analysis (POLA) and *the Journal of Chinese Linguistics* (*JCL*) in the University of California, Berkeley, was an old New England family house, very homey and very beautiful, perched on the curve of the Piedmont Avenue across the huge Golden Bear football stadium. I fell in love with it on that first sight and after so many years from that first visit, still remember the cozy feeling of that little conference room, which was in fact converted from the living room of the old family house. A big solid conference table was set in the middle of the room and a dozen or so chairs scattered around it. There was a fireplace in the corner of the walls and somehow I always seemed to be able to smell the burning woods in the room even though the fireplace had not been used for ages. It was in this room that all POLA participants met and discussed their research data and new ideas in a most informal manner. The atmosphere was most enchanting and everyone knew they came to learn from one another and enjoy the delight of the intellectual camaraderie.

Not too far from POLA was the famous International House of UC Berkeley, where many of the out of campus POLA visitors used to stay when they came for the annual POLA get-together. We usually had our lunch in the student cafeteria and drank our afternoon espresso on the porch, peeking through the Oakland fog and having a glimpse of the San Francisco Bay. Many of our more serious talks took place there over the refilled coffee. Some of us, being tired of the western food, would walk down the Durant Avenue and had a giant bowl of beef noodle at the Chinese restaurant across the Telegraph Street. At the end, we all had fortune cookies and in one occasion, the whole group (lucky 7) got the fortune slips which printed exactly the same words: "Learning makes one smart." How appropriate the sentence was for all POLA people!

That was the way the POLA meeting started. People wanted to have a place to meet casually and present their half-cooked research ideas to friends they had not seen for a while. Bill Wang was in charge, being the head of the household at 2222 Piedmont Avenue and the Chief Editor of *JCL*. But as in a usual Wang's style, he never told us any meeting agenda. (In fact, there was none anyway!) So, everyone was expected to talk about their research progress in any manner they chose. I was the only one who had to use a slide projector and during the pre-power-point era it was very difficult to get a projector from the Linguistics Department: Linguists preferred paper handouts and they just did not trust the idea that machine would take over our hand's work. So, I had to hand-carry a slide projector all the way from southern California. Being the only psychologist within the POLA gang, I was always amazed and impressed by these linguist friends who could easily come up with exotic sentences and took them apart into pieces and then draw a complicated picture of jungle trees, with branches all over the page. They did this on the spot and I had to admit that no slide show could top that. However, knowing that a monkey like me could never draw a "Donkey" picture out of a sentence, I decided it was better for me just to stick to my slide presentation in order not to show my “horse feet” in front of these real POLA linguists.

We usually started our meeting around nine o’clock in the morning and Bill would always want me to take the first shot. His reason was simple: Ovid was able to get people excited about research and he was not afraid to say some “linguistically wrong” things (i.e., including his own grammatical and phonological errors), due to his linguistically naïve background. So, I set the tone for not to worry about saying wrong things, and the others followed by talking about linguistically right stuff. The interchanges of ideas and data among the participants were peaceful at the beginning, became critical when more real and imagined sentences were analyzed, and in few occasions could turn into heated debates when theoretical orientations ran against one another. These interchanges could easily be extended to dinner reception at Bill’s mountain house but, of course, in a friendlier atmosphere. But even with a much reduced voice of gentle conversation, one could still feel the tension of the arguments all over the house.

The meeting continued to the next day, with a new set of people presenting a new set of data and arguments. It was also a good time for younger investigators to put their research proposals on the table and helpful comments would came naturally from all the old hands in the room. I always found the discussions across generations of researchers most stimulating because linguists trained in the Western thinking mode of formalism were making every attempt to reconcile their thought and data interpretations with the long tradition of Chinese philological studies, which spanned thousands of years and had cumulated a tremendous amount of dialectical data with a great deal of linguistic insight. I have to admit that before coming to the POLA meetings, I had never thought about doing any psychological experiment with the Chinese languages, with respect to either written or spoken forms. But the POLA discussions taught me a lesson about how human cognition should be studied. In my cognitive psychological experiments, I thought I was studying some rapid mental operations that computed and transformed input information within mini-seconds. In fact, I was measuring the processes which were supported by the vast amount of interconnected linguistic knowledge; without such knowledge, the rapid computation was basically impossible. No serious cognitive scientists can advance any great achievement if they ignore the linguistic aspects of human cognition.

POLA meetings had always been interdisciplinary in nature. Bill would always invite his friends from different disciplines to present their work. Chuck Fillmore loved to come and hummed the Autumn Song (composed by Bill with a lovely poem, which was later translated into a Chinese poem by Ovid). His case grammar talk, premature in those days but made great impact on cognitive studies of text comprehension in later years, had been lingering in my mind for all these years. Paul Kay came once to discuss his intriguing finding of how our perceptual system affected the emergence of color terms, rather than the other way around, across different languages. Vince Sarich's analyses of the skulls of Peking Men and their implications for the relationship between brain size and intelligence were most galvanizing intellectually. Of course, we no one would forget our beloved Lucas Cavalli-Sforza whose talk on cultural transmission and evolution added an important genetic dimension to how people migrated and language evolved.

POLA meetings in many ways provided the research field a much needed synthesis and charted the new directions for future research. Many influential research papers developed out of the POLA talks were published in most prestigious journals such as *Language*, *JCL*, *Nature*, and so on. The International Association of Chinese Linguistics was established with a deep root in POLA as well as *JCL*. But at the end of the 1980's, POLA meeting suddenly came to a stop because many eminent scholars of Chinese linguistics simultaneously took settlement in different parts of the world. Without Bill and the POLA gang on the Berkeley campus, the building, still housing the operation of *JCL*, seemed to lose its soul. I went by POLA during one of my recent conference trips in the Bay area. The plum trees in the backyard were full of yellow plum fruit but like in the past, no one on campus seemed to care for them. It is a pity that so many dropped on the ground. When will the POLA gang be back to pick them? I peeped through the window to take a look inside. I saw the fireplace but I did not see anyone around. It was a heartbreak moment to move away from that window. For some reason, I kept hearing the sad melody of the Autumn Song coming through that window facing Piedmont Avenue.

Those were the good old days of POLA. In retrospect, I know there is no way we can duplicate that experience. How lucky we were in those years! Of course, we are always in debt to Professor Bill Wang and his POLA house at Piedmont Avenue. How fortunate we are now to have the opportunity to gather all the POLA people in Taiwan to celebrate

Bill's 70th birthday. But, as Bill commented in his opening remark: there is an urgent need for the research field of the Chinese Linguistic studies to rediscover and try to sustain that POLA spirit. New research tools are making their ways to tackling some old core linguistic questions that await new solutions. Brain imaging, bioinformatics, language-informatics, geo-information-science (GIS), and sophisticated computational modeling and simulation techniques are readily available in the information network platform. The new generation of researchers needs to find a new research paradigm to have a better conceptualization of linguistic behaviors in an evolutionary perspective. Establishing a discussion forum of interdisciplinary in nature is a must for the success of future research endeavor. Therefore, we have to constantly remind our younger generations of researchers: Create you own POLA!（《永遠的 POLA：王士元先生七秩壽慶論文集》，二〇〇五年十二月，中央研究院語言學研究所出版）

國家圖書館出版品預行編目資料

科學向腦看／曾志朗著. -- 初版. -- 臺北
市：遠流, 2007[民96]
面； 公分. --（曾志朗作品集；3）
ISBN 978-957-32-5975-6（精裝）

1. 科學 - 通俗作品

307 95025659